そうか！ わかった！ プラント配管の原理としくみ

西野悠司 著
Nishino Yuji

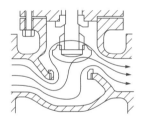
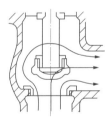
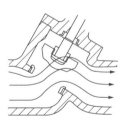

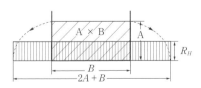
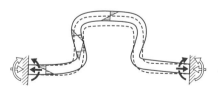

日刊工業新聞社

はじめに

▶ 本書執筆のねらい

　いまはスマートフォン、パソコンの時代です。技術の世界における計算・解析の多くはパソコンで処理されています。パソコンソフトを使用しなければ実行不可能な、あるいは多大な時間を要する耐震計算、フレキシビリティ解析、過渡解析などはもちろんのこと、電卓を使ってもできる圧力損失計算、管や管継手の耐圧強度計算、梁の強度計算などさえもパソコンソフトで結果を得ています。

　業務に就き始めの段階から、I/P（インプット）すればO/P（アウトプット）が出る、すなわち、思考を経ずに結果が出てくる"短絡系"で仕事をしていると、課題から結果を得るまでの考え方や道筋、式などを知らなくても済ませることができます。その結果、パソコンソフトを使わなければ、簡単な計算でも結果を得ることができなくなるようなことも起こります。また、たとえばI/P条件を少し変えたとき、結果がどのように変わるかを頭の中で予測することができなくなります。したがって、結果をある方向へ変えたい場合、やみくもにI/P条件を変えてみることになり、よさそうな結果を得たとしても、そのI/P条件が最良のものであるかの判断がつかなくなります。また、I/Pや初期設定のミスから誤った結果が出たとしても、それに気づかない事態も起こります。

　I/PからO/Pに至るまでの考え方や道筋を理解していれば、I/PとO/Pの間の因果関係がわかるので、「何を、どの程度変えれば、結果がどのように変わるか」を予測でき、最適のI/P条件の選択が可能となります。また、簡易計算などによって、結果の大まかな値を予測することができ、O/Pが正しいかチェックすることも可能となるでしょう。さらに、設計されたものが運転に入り、トラブルが発生した場合、その原因の推定、改善策の立案にも役立つことでしょう。

　以上述べたように、能率の観点から、パソコンソフトを使うのは必要ですが、I/PからO/Pに至る考え方、計算過程、式を理解していることは、配管技

術者として非常に重要なことです。

　そして設計段階において、あるいはトラブルの対応時などにおいて、機会を捉え、電卓をたたいて結果を出してみることは、知識、ノウハウを錆びつかせないために大事なことです。

　さて、本書「そうか！わかった！プラント配管の原理としくみ」ですが、本書は、"職場でOJTで教えられ"、"参考書を読んで"、"セミナーで学んで"、得た表面的な配管技術の知識ではなく、配管技術のもう少し原理的なところを理解していただきたいという思いで書きました。また、配管技術を「知識として捉える」ことに加え、「直感的に、あるいはイメージ的に捉える」工夫も試みました。

　皆様が本書によって日常業務に、また技術的な新しい課題、局面に遭遇したとき、配管技術を自家薬籠中のものとして使いこなし、成果を上げられることを願っております。

　最後に、本書の執筆の機会を与えていただいた日刊工業新聞社の奥村功さま、また企画段階からアドバイス、ご支援いただいたエム編集事務所の飯嶋光雄さまに心からお礼申し上げます。そして、本書執筆にご協力いただいた多くの方に感謝申し上げます。

▶ **本書の構成**

　本書は2つの編から構成されます。

　第Ⅰ編　「配管の原理」は導入部である第1章に続いて、第2〜6章では理論、定理、計算式など、"エンジニアリング"がものをいう配管技術の分野をできるだけ原理に近いところまで遡って説明しています。そして第7章では、経験がものをいう配管レイアウトの原則について解説しています。

　第Ⅱ編　「配管コンポーネントのしくみ」は、配管装置を構成するパイプ、バルブ、スペシャルティ＊などのコンポーネントを対象とし、そのしくみを図

　＊スペシャルティ：配管に付属する特別な目的と機能を持った装置で、特殊バルブ、トラップ、ストレーナなどの総称。

解を多用して説明しています。この領域は、持っている知識の広さ、深さがものをいう分野ですが、それらの知識を原理で裏打ちすることによって、より強固な知識となるよう考えて第8〜11章で配管コンポーネントのしくみを解説しています。

▶ **本書使用上の手引き**

・直感的理解をうながすような図・絵を多く取り入れました。

・文章中の重要な用語をゴシック体として注意を引くようにしました。

・第2章の強度計算式は、規格、基準によって、若干の差異があります。本書では、代表的な規格、基準として、Ⓐ JIS B 8201「陸用鋼製ボイラ−構造」、Ⓑ 日本機械学会「火力発電用設備規格」詳細規定 STA1 第Ⅴ章（ASME B31.1 Power Pipingがベース）、Ⓒ 日本石油学会「石油工業プラントの配管基準 JPI 7S77（ASME B31.3 Process Pipingがベース）」の式を取り上げ、Ⓐの式を主体に説明し、Ⓑ、Ⓒの式の、Ⓐの式との差異を示しました。

・参考文献は、各章ごとに章の最後に載せています。

2020年10月 　　　　　　　　　　　　　　　　　　西野　悠司

目　次

第 II 編　配管コンポーネントのしくみ

第10章　スチームトラップのしくみ

第11章　配管支持装置のしくみ

資　料

第 I 編

配管の原理

第 1 章

配管技術はどんな技術か

配管技術はおもしろい

1.1 "プラント" てなに?

原理原則 多数の機器・装置の間を配管で結び生産物を得る設備をいう

　プラントとは、大型で多数の機器・装置を配管でつなぐことにより、産業界の基盤となるエネルギーや製品を生産する大規模な設備を言います。

　プラントには、電力、ガスなどのエネルギーを生産する発電プラントやガス製造プラント、原油を精製、分留して燃料油やガソリンなど、さまざまな石油製品を生産する石油精製プラント、ポリエチレンや塩化ビニールなどの石油化学製品を生産する石油化学プラント、天然ガスからメタン、エタンなどのガス、液化天然ガス（LNG）、液化石油ガス（LPG）などを生産するガス処理設備、そして鉄鋼製造設備、廃棄物処理設備、淡水化設備、食品プラント、薬品プラントなどがあります。

　このような大型設備を「プラント」と呼ぶようになったのは、プラントの主要構成要素である配管が、植物（plant）が根や枝葉やつるを大地、空中に縦横に伸ばす様子に似ているからという説があります。

1.2 配管技術者の仕事

原理原則 仕様の圧力・温度・流量を満足し運転しやすい配管を設計する

　プラントではさまざまな流体を扱います。流体は、ある装置で何らかの処理をされた後、次の段階の処理をする装置へ送られます。プラントではこの工程を順次繰り返すことにより、原料を最終目的の"モノ"に変えていきます。

　原料の流体はプラントにより、原油であったり、ナフサであったり、ただの水であったり、そして最終目的の"モノ"はプラントにより、ガソリン、プラスチック、合成繊維、塗料、あるいは電気であったり、鋼管であったりします。

処理された流体を装置から装置へ移送する手段が「配管」です。

配管技術者は、主に次のような仕事をします。

3次元の空間を配管が通る配管ルート（route）を計画し、その配管ルートと関係するすべての機器・ケーブル・ダクト・建築構築物などの外形、また機器・コンポーネントの分解スペース、バルブ・計装品の操作・監視スペース、パトロール通路などを1つの図に収めた図、「配管レイアウト」を作成します。

配管ルートは、経済的、機能的、安全で熱応力や振動の問題がなく、据付けやすいこと、配管レイアウトは経済性、メンテナンス、運転操作に便なるように計画します。

このような配管ルートを敷設するため、パイプ（直管）、ルートを曲げるためのエルボやベンド、合流分岐するためのT（ティー）、口径を縮小・拡大するレデューサなどの管継手（フィッティングともいう）などを適切な位置に配置します。

配管ルートの策定と並行しながら、プラントの寿命期間中、流体の圧力、温度、腐食性に耐える配管材料の適切な選択、許容圧力損失を満足する管サイズの決定、配管コンポーネントの耐圧設計、配管熱膨張によって配管に生じる曲げ応力と機器に及ぼす反力を許容値に抑える配管フレキシビリティ、発生するかもしれない振動、水撃の防止と抑制などのエンジニアリング作業を進めます。

また、配管に課せられた機能を発揮するために、流体を止めたり、流したり、流量を調整したりするバルブ、配管内に混入した異物を除去するストレーナ、蒸気管内に生成滞留するドレンを排除するスチームトラップ、機器ノズルの熱移動や振動が配管に及ばないようにする伸縮管継手（立場を逆にする場合もあります）などの「スペシャルティ」等々を配管ルートの適切な位置に設けます。

これら、パイプとさまざまな配管コンポーネント、そして機器ノズル（座ともいう）を、相互に接合（ジョイント）する方法として、溶接、フランジ、ねじ込みなどがあり、すべての接合部につき接合方法の仕様を明らかにします。

こうしてすべての配管コンポーネントが互いに接続され一体化されたもの

は、上から、あるいは下から配管支持装置によって、所定位置にしっかりと支えられるようにします。

設置の終わった配管は、1ラインずつ、設計図書と合致しているか、図面と照合するラインチェックを行い、つづいて最終工程の耐圧試験と気密試験などが行われ、配管の健全性、安全性が確認されます。その後、必要箇所を保温、塗装されて完成、試運転を経て、客先に引き渡されます。

図1-1に配管設計における作業の大づかみな流れを示します。

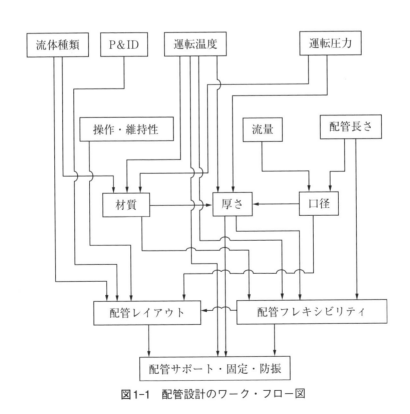

図1-1　配管設計のワーク・フロー図

1.3　プラント配管に求められるもの

| 原理原則 | 安全・性能・機能・運転・保守のすべてを満たすこと |

プラント、そしてプラント配管装置は次のようなことが求められます。

① 配管の安全性

多種多様の機器や装置から構成されるプラントの配管は、人間にたとえれば臓器、器官をつなぐ血管のようなものです。プラントの運転に、配管の健全性は不可欠のもので、配管は事故なく安全に運転されなければなりません。

配管は、配管装置の経年劣化、過度な変形、腐食、破損、破断などを起こすことによって、プラントの運転継続の支障、さらに装置の安全、さらには人の安全を損なうようなことにもなり得るので、そのようなことを未然に防ぐ、設計、製造・据付、品質管理、運転、保守を行うことが求められます。

配管で起こるこのようなさまざまなトラブル、事故の原因となる事象を列挙

表1-1　配管に起こるさまざまな破損・破壊形態

分類	小分類	起こる条件
延性破壊	ⓐ塑性変形（破損）	応力が降伏点を越え永久変形が残る
	ⓑ延性破断（破壊）	応力が引張り強さを越える
	ⓒクリープラプチュア（破壊）	高温のクリープ域で破損する
脆性破壊	ⓓ脆性材料、または低温脆性、または水素脆性により破壊する	
疲労破壊	ⓔ低サイクル疲労破壊	繰り返される起動停止に伴う配管の熱膨張・収縮を拘束するために生じる曲げ応力による疲労破壊
	ⓕ高サイクル疲労破壊	一般的な配管振動、主として曲げ応力による
	ⓖ熱衝撃（熱疲労）	断続的に繰り返される、急冷、加熱、急冷、加熱の繰り返しで起こる局部的引張り応力による疲労破壊。
座屈	ⓗ限界圧縮圧力、または限界圧縮荷重により、突然潰れるように破壊（圧壊）する。	
腐食浸食	ⓘ電気化学的な腐食、および動力学的な浸食による減肉、または亀裂の進行により漏洩、さらに、内圧や曲げ応力が加わり、破壊にいたる。	

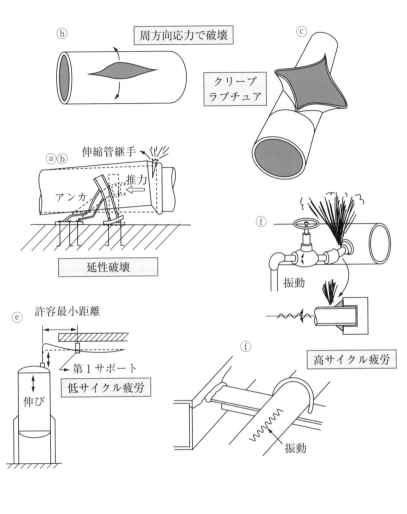

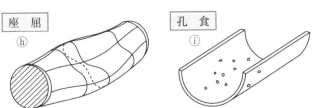

図1-2 配管で起こるさまざまな破損・破壊形態

すると**表1-1**のようになります。そのいくつかをイメージ図で**図1-2**に示します。

　これらの中の主な事象につき、第2章 内圧により生じる力と応力、第3章 流れにおける損失水頭、第4章 熱膨張の伸びを逃がす、第5章 振動と疲労、第6章 材料力学で扱います。

② 適正コストで性能・機能が達成できること

　プラントは適正なコストで建設され、所定の性能・機能が確保されなければなりません。具体的に配管でいえば、1.3節の①を達成したうえで、(1)適切な材料選定、(2)適切なサイズ・厚さの選定、(3)合理的な配管ルート、(4)適切なバルブ、スペシャルティの形式選定と配置、(5)適切なサポート位置とその形式の選定、などがあります。

　この部分は第3章 流れにおける損失水頭、第7章 配管レイアウトの原則、第8章 パイプと管継手、第9章 バルブ、第10章 スチームトラップ、第11章 管支持装置で扱います。

③ 運転・保守のしやすいこと

　1.3節の①、②を踏まえたうえで、配管は運転やメンテナンスのしやすさが求められます。すなわち、(1)バルブや計装品へのアクセス性（近づきやすさ）と操作のしやすさ、(2)機器、バルブ、スペシャルティなどの分解・点検のしやすさなどです。

　この部分は、第7章 配管レイアウトの原則で扱います。

1.4 配管技術習得のポイント

原理原則	身体で覚え、直感で理解すること

　筆者の経験から、これから配管技術を学び、習得していく過程で、実行することをお勧めしたいいくつかをご紹介しておきます。

❶ 4力学の基礎に馴染む

なにごとでも、学んだこと、憶えたことを自在に活用できるようになるため

には、それらの土台のところをしっかり理解しておかないと、付け焼刃のように実戦のときに役に立ちません。得たものを自在に応用できるのものとするには、配管技術の場合、水力学、材料力学、機械力学、熱力学、のいわゆる4力学のうち、特に水力学と材料力学の基礎知識が重要です。これらに関する座右の本を持ち、ことあれば気楽にひもとき、その基本の部分を理解することが大切です。

❷ 自ら汗を流す

経験が圧倒的にものをいう配管技術の分野が「配管レイアウト」です。この分野は、先人の範例なども参考にして、自分で実際に配管ルートの線を引いてみないことには習得できません。これに限らず、自ら汗を流す時間が大切です。

❸ サイトに出る

実物の配管の全体像はサイト（据付け現場）でしか見ることができません。サイトへ行けば、図面でわからなかった多くの発見があるでしょう。

❹ ポンチ図を描く

ある現象を理解できるということは、その現象をイメージできるということです。そしてイメージできたら、それを図や絵に描けるはずです。視覚的に捉えることで直感的な理解が得られます。気軽になんでも、ポンチ図（フリーハンドで描いた図・絵）にしてみましょう。

❺ レジリエンスの心を持つ

レジリエンスとは、逆境に強いことをいいます。どんな失敗も労苦も、耐え抜けば、あとで時間が修復、再生してくれます。その経験が、次のステップの踏み台となります。レジリエンスをもって、最後まで耐え抜きましょう。

よく使う単位			
長さ または 距離	in=25.4 mm	粘性計数 または 粘度	Pa·s=10 p（ポアズ）
	ft=0.3048 mm		=1000 cp
容積	m^3=1000 L		=0.1019 kgf·s/m^2
角度	度 ＝π/180 rad	動粘性係数 または 動粘度	m^2/s=10^4St（cm^2/s）
質量	kg=2.20 lb		St=100 cSt（mm^2/s） （St：ストークス）
密度	kg/m^3		
比重量	kgf/m^3=9.8 N/m^3	比熱	kJ/（kg·K）
	=9.8 kg/（s^2·m^2）	熱流束	W/m^2=856cal/（m^2·h）
比重	15℃の水を 1.00	熱伝導率	W/（m·K）
重さ または 荷重	N=kg·m/s^2	熱伝達率	W/（m^2·K）
	=kgf	振動数	Hz=1/s
比容積	m^3/kg	角速度	rad/s
断面二次 モーメント	m^4	加速度	m/s^2=100 Gal
断面係数	m^3	温度	K（ケルビン）=273+C
			C=(5/9)（F-32）
断面1次 モーメント	m^3	エンタルピ	J/kg
ヤング率	N/m^2	エントロピ	J/kg·K
力	N	運動量	kg·m/s=N·s
応力 または 圧力	Pa=1N/m^2	運動エネルギーまたは 衝撃値	kg·m^2/s^2=N·m
	MPa=1N/mm^2	質量の慣性 モーメント	kg·m^2
	=10bar	エネルギー または熱量 または仕事 または電力量	J=1N·m
	=10.2 kgf/cm^2		=1kg·m^2/s^2
	bar=145 lbf/in^2		=(1/3.6)10^{-6}kW·h
	mmHg=1.333×10^2Pa	動力 または電力 または出力 または仕事率	W=1J/s
	1気圧 = 101.3 kPa		=1N·m/s
	＝1013 ヘクトパスカル		=1kg·m^2/s^3
			=0.102 kgf·m/s
			=856cal/hr

第2章

内圧により生じる力と応力

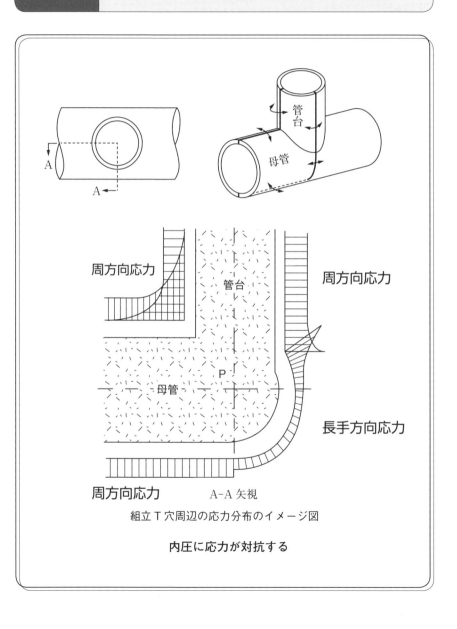

周方向応力

管台

周方向応力

母管

P

長手方向応力

周方向応力

A-A 矢視

組立 T 穴周辺の応力分布のイメージ図

内圧に応力が対抗する

2.1 基礎のきそ

原理原則	一次応力は降伏点に達してはならない

① 圧力による応力は一次応力

この章では、内部に圧力のある管や容器の強度評価を扱います。内部の圧力によって管の壁に生じる引張り応力（"応力"は、加えられた荷重に対抗して材料断面に生じる単位面積当たりの内力。単位は N/mm^2）や、配管重量を吊り下げることによってハンガロッド（丸棒）の断面に生じる引張り応力など、負荷によって生じる応力は**一次応力**といいます。

図2-1に示すように、荷重を次第に増やしていくと、応力とひずみの関係は応力主導で推移し、縦軸は応力、横軸はひずみの座標上で、材料の**ヤング率**（縦弾性係数）に基づき、直線的に弾性変形していきます。荷重がさらに増え、材料断面の応力が降伏点を越えると、材料強度の連続的な増加がなくなり、一気にひずみを増し**塑性変形**（荷重をとり去っても変形が残る）し、**加工硬化**により引張り応力度が多少上るところまで変形が進んでしまいます。

塑性変形を受けた材料は、その後、同じような荷重が繰り返されるたびに

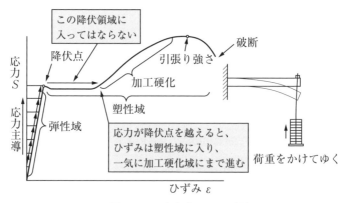

図2-1　一次応力による破壊

塑性変形を繰り返し、変形が累積し破損が進行していきます。

　一次応力の場合、降伏点以上で材料を使用することはできません。荷重がさらに高まって、応力が引張り強さまで行くと材料は延性破壊されます。したがって、一次応力に対しては2.1節②に示すように、規格や基準で定める許容応力以下に設計する必要があります。

　なお、配管には一次応力とは性質を異にする二次応力が生じますが、それは第4章で学びます。

② 一次応力が許容応力以内になるように設計する

　内圧に対する強度に限らず、材料が降伏、破壊することを防ぐため、降伏点、引張り強さ、クリープ強度に対し、それぞれに適切な余裕をみて、**許容応力**を設定し、一次応力に対してはその許容応力以下になるように設計します。

　各材質の使用可能な設計温度における許容応力は、各種規格、基準に掲載されている**許容応力表**から知ることができます。

　ASME B31.1 Power Piping（日本機械学会　火力発電設備基準：JSME STA1 に近い）の場合の許容応力の決め方は以下のようになっています。

❶ **クリープ温度域未満の設計温度では、下記値の最小の値とする**

⑴　室温における、規定された最小引張り強さの1/3.5

⑵　当該温度*における引張り強さの1/3.5

⑶　室温における、規定された最小降伏点、または耐力の2/3

⑷　当該温度における降伏点、または耐力の2/3

　　*当該温度：たとえば設計温度。

❷ **クリープ温度域*の設計温度では、下記値の最小の値とする**

⑴　当該温度において1,000時間に0.01％の**クリープ**を生ずる応力の平均値

⑵　当該温度において100,000時間で**クリープラプチュア****を生ずる応力の最小値の0.8倍

⑶　当該温度において100,000時間でクリープラプチュアを生ずる応力の平均値の0.67倍

　　*「クリープ温度域」が始まる温度は、材質によって異なりますが、炭素鋼では350℃から400℃の間で始まり、合金になると、それより高くなります。

　＊＊クリープラプチュア：クリープ温度域で応力一定の状態を長時間続けると、ひずみ
　が増え続け、ついに破断すること。

　降伏点の2/3と引張り強さの1/3.5の値を、常温のSTPT370（降伏点：215
N/mm^2、引張り強さ370 N/mm^2）で比較してみると、降伏点基準では143
N/mm^2、引張り強さ基準では105 N/mm^{2}となり、常温での許容応力は引張り
強さで決まっていることがわかります。

　なお、機械設計と建築構造設計の許容応力の考え方は若干異なります。

③ 管、管継手などの耐圧強度を保証する方法

　配管で移送する流体は、用途に応じた圧力と温度を持っています。その圧力
と温度は、配管の構成品（コンポーネントという）である管、管継手、バルブ
などに発生する応力と使用材料の許容応力を決定し、前者が後者を上回ると
き、永久変形や破壊の要因となり、装置、あるいはプラントの停止、さらには
大きな物的被害、人的被害を被る危険性があります。危険を回避し安全を確保
するため、配管の耐圧強度を保証する必要があります。耐圧強度を保証する方
法は、表2-1のいずれかの方法によらねばなりません。

表2-1　耐圧強度保証の方法

	品　目	適用する方法
(1)	管、組立T、本表(2)以外の管継手で基準が定める規格により計算式等が定められているもの	基準が定める規格に定められた計算式と計算方法による
(2)	基準＊が定める規格で使用が許されている管継手。 ＊基準とは、そのプラントに適用される法規、基準、Codeなど。	当該管継手と同等（材質、寸法、設計圧力・温度）の管が(1)により耐圧強度が確認されている
(3)	バルブ、フランジなど	基準が定める規格に定められた圧力-温度基準を適用する
(4)	本表(1)、(2)、(3)に因れないもの	検証試験、またはFEMなどの解析による保証

2.2 内圧により推力の発生するしくみ

原理原則	圧力が壁を押す力が推力となる

① 内圧による推力はどのようにして生じるか

　内圧により管に生じる力について考えます。内圧は管の壁に垂直に作用し、壁に力を及ぼします。壁を推す力なので、この力を「**推力**」（スラスト）と呼びます。壁のない所では圧力は推力を出せません。たとえば図2-2のベローズ形伸縮管継手は、内圧 P、伸縮管継手部の流路断面積 A とすると、伸縮管継手によって生じる推力は大雑把（おおざっぱ）に、$A×P$ となりますが（2.3節で論じます）、その推力は一部を除けば、伸縮管継手の所で発生するのではありません。伸縮管継手の中心から右側で論じると、図2-2に見るように、右方向の推力が発生する場所は、ベローズ（蛇腹）（じゃばら）の壁（断面はリング状）と管右端の閉止板（断面は円）です。発生場所の異なる2つの推力を併せたものが、あたかも伸縮管継手の所で生じているかのように錯覚しがちですが、そうではないのです。伸縮管継手の胴の部分は壁がないため"暖簾（のれん）に腕押し"で推力は発生せず、その先の閉止板で生じた推力が管を介して、伸縮管継手部に伝達され、推力防止装置がないとベローズが引き伸ばされてしまうのです。

② 推力の大きさ

　管の長手軸を x 軸とし、管に生じる x 軸方向の推力を考えます。①項で、管の推力は壁のある所で生じることを確認しました。管端には、閉止板のような

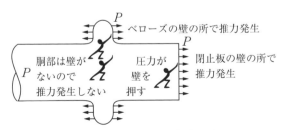

図2-2　圧力が壁を押し推力を生じる

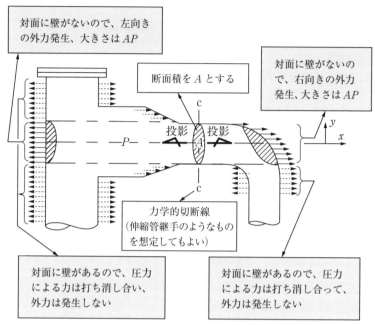

図2-3　複雑な配管の、任意のc-c断面の推力

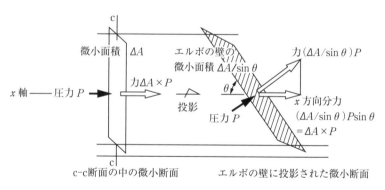

図2-4　管端部の斜めの壁で生じる推力の大きさ

平面のものもありますが、多くは**図2-3**のようにエルボやTのような曲面の壁となっています。いま、**図2-4**のように、図2-3のc-c断面の面積Aの中の任意の微小断面積ΔAを右端のエルボの壁に投影し、投影された微小断面がx軸と角度θをなしているとすれば、この微小断面の面積はΔA/sinθとなりま

す。この斜面に垂直に圧力 P が掛かると、斜面に垂直な推力 $(\Delta A/\sin\theta)P$ が生じます。この推力の x 方向成分は、$(\Delta A/\sin\theta)P\cdot\sin\theta = \Delta A\times P$ となります。つまり、斜面の壁に働く x 軸方向の推力は θ には無関係に、投影する前の x 軸に垂直な断面の面積に圧力を掛ければよいことがわかります。この微小面積を集積して、x 軸に垂直な面積 A をエルボに投影した面積全体に広げれば、壁のない垂直断面を投影した離れた位置の任意の形状の壁に生じる x 軸方向の推力は、管断面の面積 A に圧力を掛けた次式により計算できることがわかります。

$$F = A\times P \tag{式 2-1}$$

この推力は管を外部から拘束しなければ、管を介し c-c 断面に伝わります。

さて、図 2-3 には、c-c 断面の右側にも、左側にも、面積 A を投影する壁以外の壁（破線矢印の壁）が多数存在します。しかし、面積 A を投影する壁以外の壁は、c-c 断面に力を伝達しません。その理由は簡単です。c-c 断面で仮想的に力学的に切り離したとすると、c-c の右側と左側に力学的に独立した 2 つの"島"ができたと見ることができます。c-c 断面における内断面を x 軸方向へ、右端のエルボの壁と左端の T 部の壁に投影したところにハッチングしてあります。このハッチングした部分の壁は"同じ島内"に対抗する壁がないため推力が外力として生じますが、それ以外の壁は、"同じ島内"のそれぞれの対面に壁があって、生じる力を互いに相殺するため、c-c 断面に力が及びません。したがって、c-c 断面に及ぶ推力は、面積 A だけを考え、（式 2-1）でよいことになります。

2.3 伸縮管継手により生じる外力

原理原則	管に推力を支える剛性がなければ、推力は外力になる

図 2-3 で、c-c を仮想の切断面としましたが、c-c 断面にベローズ式伸縮管継手を設置すれば、ベローズのばね力しか存在しないので、力学的にほぼ切り

離された状態になり、内圧がかかれば伸縮管継手部の軸方向の推力は外力となります。

　管路に設置された、ベローズにより生じる推力の大きさとその発生場所は、図 2-5 のようになります。右方向の外力としての推力は容器底部のアンカボルトで受けるものとします。

　推力は壁のある所で発生することを思い起こします。ベローズ中央より、右側を投視して見える壁として、ベローズ出張りの壁と容器奥の側壁があります。ベローズ出張りの壁に生じる推力はリング状の面積を A_2 とすれば、$A_2 \times P$、容器奥の壁に生じる推力は後者の円の面積を A_1 とすれば、$A_1 \times P$ となります。

　ベローズ出張りの壁が推力を生じるリングの外径を、**EJMA**（米国伸縮管継手製造者協会）は、ベローズの外径とせず、ベローズの平均直径としており、**JIS B 2352**「ベローズ形伸縮管継手」もこれを踏襲しています。その理由は、平均直径からベローズ外径までのリング状面積に圧力が作用して生じる推力は、ベローズ頂部の壁の引張り応力で負担するとしたものと思われます。そしてリングの内径は胴部の内径となります。

　ベローズ出張りの壁に生じる推力 $A_2 \times P$ は管を介して、容器フランジに伝わり、容器のアンカボルトがその推力を受けます。容器奥の側壁に生じる推力

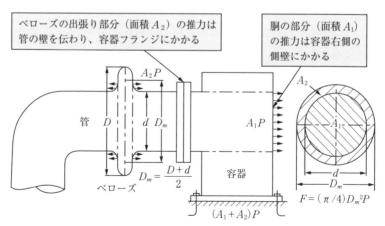

図2-5　ベローズ形伸縮管継手設置で発生する推力（外力）

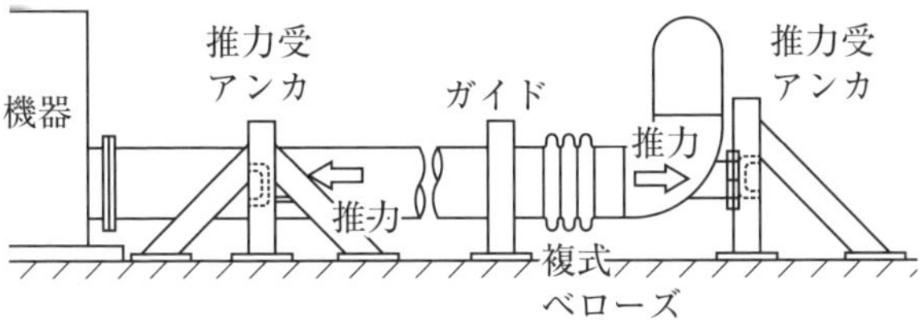

図2-6　伸縮管継手に圧力が掛かった場合の推力受の例

$A_1 \times P$ もまた容器のアンカボルトで受け、アンカボルトには $(A_1 + A_2)P$ の推力が掛かります。その合計推力 F は、図2-5からわかるように、

$$F = (\pi/4)D_m^2 P \qquad\qquad\qquad (式2\text{-}2)$$

で計算できます。

　ベローズにより生じる左方向の推力はエルボの壁で生じ、右側と同じ論理で、その推力は（式2-2）で計算でき、これも外力となりアンカが必要です（図では省略してある）。管路に伸縮管継手があれば、両方向に、（式2-2）で計算される推力が外力として働くので、接続する機器がなかったり、接続機器でそれを受け切れない場合は、図2-6のように伸縮管継手の両側にアンカを設ける必要があります。アンカに掛かる外力としては、推力の他にベローズのばね力、ガイドで生じる摩擦力などを加算します。

　アンカを設ける工事費用や手間を省いたり、あるいはアンカで支えるには大き過ぎる推力に対しは、伸縮管継手の製品自体に推力受けや推力をバランスさせる装置のついた伸縮管継手を使用することができます。

　その例を紹介します。

⑴　直管を中に挟んだ2組のベローズの外側を**タイロッド**で連結し、タイロッドに推力を負担させ、軸直角方向変位を吸収する**ユニバーサル形**。

⑵　1組のベローズ（2個以上）の外側同士を渡す1組、または2組のバーを中央で回転自由なピンで連結することにより推力をバーに負担させ、角変位を吸収する**ヒンジ形**、あるいは**ジンバル形**。

⑶　2組または3組のベローズとタイロッドを組み合わせることにより、反対方向に生じる推力をバランスさせ、軸方向変位を吸収する**圧力バランス形**。

などがあります。詳しくは伸縮管継手メーカーのカタログなどを参照ください。

2.4 管に生じる長手方向応力

原理原則	長手方向応力は曲げ応力と重畳して、破壊の因をなす

　図2-7において、仮想切断面c-cのリング状の管壁断面積をB、流路となる空間の断面積をA、内圧P、壁に発生する引張り応力をSとします。

　2.2節②で述べたように、c-c断面にはAPという引張り力が働いており、この力の反作用として断面積Bの壁に管軸方向の**長手方向応力**Sが発生し、その力BSとつり合います。したがって（式2-3）が成り立ちます。

　　$AP = BS$　　　　　　　　　　　　　　　　　　　　　　　（式2-3）

　図2-7の管の内径d（mm）、厚さt（mm）、とし、管厚さが管内径に対して十分小さい場合は、（式2-3）は近似的に次のように書き表せます。

　　$(\pi/4)d^2 P = \pi d t S$

上式より、

　　$t = Pd/4S$　　　　　　　　　　　　　　　　　　　　　　（式2-4）

　Sを許容応力にとれば、（式2-4）は内圧により管が長手（管軸）方向に引きちぎられないための最小必要厚さを求める式です。この厚さは2.5節に出てくる周方向応力により管が破裂しない必要厚さの1/2となっています。

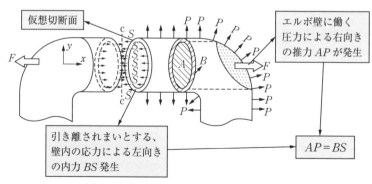

図2-7　内圧Pにより生じる長手方向応力S

2.5 管に生じる周方向応力

原理原則 周方向応力が管の耐圧強度を決定する

① 内圧により管はどのように壊れるか

　内圧により管に発生する応力は、2.4 節の長手方向応力の他に、**図 2-8** に見るように、**周方向応力**と**半径方向応力**があります。このうち、半径方向応力は、圧力が管の壁を垂直に押す圧縮応力です。つまり、その大きさは圧力そのもので、一般には 3 つの応力の中でもっとも小さく、無視されることもある応力です。一方、周方向応力は、3 つの応力の中でもっとも大きく、管や容器の必要壁厚さを決定する応力です。

　水圧用ポンプで、密閉された管の圧力を上げていくと、管は次第に、ヘビがねずみを呑み込んだように膨らみ始め、ついに管の長手方向に沿った裂け目ができ、流体が噴出します。内圧により管が破裂する場合、このように長手方向に裂け目ができるのが一般的です（図 2-9、および図 1-2 ⓑ、ⓒ参照）。

　長手方向に裂け目ができるのは、長手方向と直角に引張り応力が生じ、この応力が材料強度を上回ったからです。長手方向に直交する方向は周方向なので、これを周方向応力といい、応力の向きが樽（たる）の"たが"（英語でhoop）に似ているので**フープ応力**とも言います（図 2-8 参照）。つまり、周方向応力が材料の降伏点を越えたため、変形が進んで、膨らみ、さらに圧力を上げたため、引張り強さを越え、裂け目が発生したのです。

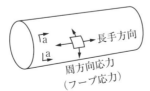

図2-8　管に生じる3種類の応力

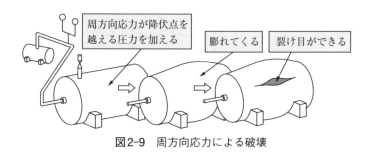

図2-9　周方向応力による破壊

配管に限らず、引張り応力が降伏点という限界を越えると破損するか、破損への道をたどります。応力ではなく、ひずみ（変形）が進行することによって起こる座屈のような破壊現象もありますが、座屈については2.6節で扱います。

2.1節で述べたように、圧力によって生じる応力は一次応力なので、発生引張り応力が許容応力以下になるように設計します。

② 周方向応力に対する管の強度の考え方

図2-10は、管の長手の中心軸を通る平面で管を仮想的に真二つに分割した図です。この分割した仮想断面に働く力について考えます。管の長手方向の長さは、簡単にするため、単位長さ1とします。左側と右側の半割れの管、おのおのの円弧の壁に垂直に働く圧力Pの合力、すなわち壁を押す推力は、水平方向に、内断面の面積Aに圧力を掛けたAPに等しくなります。この推力により、左右の半割れの管に、おのおの外側へ向かう力が生じます。

しかし実際は、半割れの管は仮想断面の壁でつながっており、壁には、外側へ向かう力APに対する反力として、内部的な力、引張り応力が発生します。その応力をS、応力を受ける壁断面積（上と下の2つの壁の合計面積）をBとすれば、引き離されまいとする、壁に発生する内力はBSとなり、引き離そうとする力APとつり合います。すなわち、2.4節の（式2-3）$AP=BS$が成り立ちます。

（式2-3）を図2-10のd（管内径）、t（管壁厚さ）を使って表すと、$Pd=2tS$となり、Sを材料の許容応力にとれば、内圧に対する必要な厚さtの式は、（式2-5）となります。

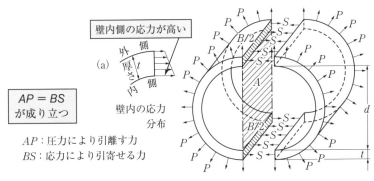

図2-10　周方向応力の力のバランス

$$t = Pd/2S \qquad\qquad (式2\text{-}5)$$

（式2-4）と（式2-5）を比較すると、周方向応力による必要厚さが長手方向応力による必要厚さの2倍必要であることがわかります。つまり、（式2-5）が耐圧に対する管の厚さを決定する基本式となります。

（式2-5）は、外径Dを使って表すには、$d = D - 2t$の関係があるので、

$$t = PD/(2S + 2P) \qquad\qquad (式2\text{-}6)$$

となります。内径を使って計算する（式2-5）は「**内径基準の式**」、外径を使って計算する（式2-6）は「**外径基準の式**」と呼ばれます。

これらの式で注意しなければいけないのは、壁断面に生じる応力は内側から外側に向かって一様に分布しているのではなく、実際は、図2-10(a)に見るように、壁の内側の応力がもっとも高く、外側の応力がもっとも低くなることです。

したがって（式2-5）または（式2-6）のSに使用材料の許容応力を入れて求めた管の必要厚さでは、壁の内側の応力が許容応力を越えてしまいます。

このため（式2-3）のAを計算するのに使う管径を、内径dではなく、管の**平均直径** $D_m = (D + d)/2 = d + t$、または外径Dとする式がよく使われます。

内径dの代わりに、$D_m = (D + d)/2$を使うと、（式2-3）は、

$$(A + B/2)P = BS \qquad\qquad (式2\text{-}7)$$

と表され、（式2-5）、（式2-6）の代わりに、

$$t = Pd/(2S - P) \qquad (式 2\text{-}8)$$

$$= PD/(2S + P) \qquad (式 2\text{-}9)$$

と表されます。

さらに、内径 d の代わりに外径 D を使うと、（式 2-3）は、

$$(A + B)P = BS \qquad (式 2\text{-}10)$$

と表され、（式 2-5）の代わりに、

$$t = PD/2S \qquad (式 2\text{-}11)$$

となります。（式 2-11）は、バーローの式と呼ばれ、もっとも安全サイド（必要厚さがもっとも厚く出る）の式で、かつ簡単な式なので、規格などに使われることがあります。

③ 規格による管の必要厚さの計算式

以上、内圧に対する管の必要厚さを求める基本式を導きましたが、実際の設計に使用する各種規格、基準の式がどうなっているか見てみます。

わが国でプラント配管に適用されている規格、基準は多数ありますが、本書では下記の規格につき、Ⓐを中心に説明し、Ⓑ、Ⓒの基準に言及します。

Ⓐ　JIS B 8201 陸用鋼製ボイラ - 構造

Ⓑ　ASME B31.1 Power Piping（日本機械学会「火力発電用設備規格」詳細規定 JSME S TA1 第Ⅴ章のベース）

Ⓒ　日本石油学会 JPI 7 S77「石油工業用プラントの配管基準」（ASME B31.3 Process Piping がベース）

各規格には外径基準の式と内径基準の式が準備されていますが、その使い分けは、前者はスケジュール管のように外径を基準として製造され、管サイズが外径で示される管に、後者は、たとえば厚肉で内径を切削加工して製造されるような、内径寸法が指定される管に使われます。

Ⓐ JIS B 8201 陸用鋼製ボイラ - 構造の式

外径基準の式：（式 2-9）に似た（式 2-12）になります。

内径基準の式：（式 2-12）の A を外した後、D に $D = d + 2t$ を代入し、$t =$ の式にしてから、A を復帰させることにより導かれます（式は省略）。

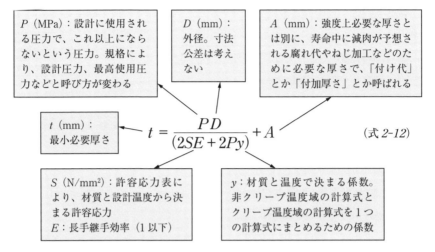

$$t = \frac{PD}{(2SE + 2Py)} + A \qquad \text{(式 2-12)}$$

- P（MPa）：設計に使用される圧力で、これ以上にならないという圧力。規格により、設計圧力、最高使用圧力などと呼び方が変わる
- D（mm）：外径。寸法公差は考えない
- A（mm）：強度上必要な厚さとは別に、寿命中に減肉が予想される腐れ代やねじ加工などのために必要な厚さで、「付け代」とか「付加厚さ」とか呼ばれる
- t（mm）：最小必要厚さ
- S（N/mm²）：許容応力表により、材質と設計温度から決まる許容応力
  E：長手継手効率（1以下）
- y：材質と温度で決まる係数。非クリープ温度域の計算式とクリープ温度域の計算式を1つの計算式にまとめるための係数

Ⓑ ASME B31.1 Power Piping の式

(1) 非クリープ温度域の場合

外径基準の式：
$$t = \frac{PD}{(2SE + 2Py)} + A \qquad \text{(式 2-13)}$$

- SE（MPa）：設計温度における許容応力。長手溶接継手がある管の場合、継手効率は SE に含入済

内径基準の式：$D = d + 2t$ を、A をつけたまま、（式 2-13）の D に代入して、$t =$ の式に書き直します。Ⓐの内径基準の式より複雑な式となります。

(2) クリープ温度域の場合

外径基準の式：（式 2-14）は**長手溶接継手**があり、設計温度が**クリープ温度域**の管に適用されます。継目なし管は $W = 1$ になるので、（式 2-13）と同じになります。記号の意味が（式 2-12）と同じものは説明を省略します。

$$t = \frac{PD}{(2SEW + 2Py)} + A \qquad \text{(式 2-14)}$$

- SE（MPa）：（式 2-13）と同じ。
  W：溶接強度低減係数。材料と温度によって決まる1.0 以下の係数で、B31.1 の "Wの表" による

（注）クリープ域温度では長手継手溶接部の強度が母材強度より弱くなるので、W により補正します。

内径基準の式：式の導き方は非クリープ域の内径基準の式を導く方法と同じです。

　ⓒ　日本石油学会 JPI 7 S77（ASME B31.3）の式

⑴　非クリープ温度域の場合

Ⓑの式と次の点が異なります。

外径基準の式：t は（式 2-13）から A の項を外した式です。t を計算した後、$t_m = t + A$ として、t_m を必要厚さとします。

　内径基準の式：（式 2-13）から A の項を外した t の式に $D = d + 2t$ を代入し、t を求める式で t を求めた後、$t_m = t + A$ として、t_m を必要厚さとします。

⑵　クリープ温度域の場合

　外径基準の式、内径基準の式ともに、A の項を外したⒷのクリープ域の式を使い、その後はⒸの⑴の非クリープ温度域の場合と同じ要領です。

Ⓐ、Ⓑ、Ⓒの直管強度計算の計算手順

　計算手順は次の通りです。

⑴　適用される規格、または基準、たとえば、ASME B31.1 より計算式を選ぶ。

⑵　外径基準の式か、内径基準の式か、使う式を選ぶ

　　　注：市販の Sch 管であれば、外径基準の式を使う。

⑶　・SE は、規格の許容応力の表から、設計温度に該当する許容応力 SE を読む（Ⓐの場合は、S（許容応力）と E（長手継手効率）が分けられており、許容応力表から読む S と、別に定められている長手継手効率の値 E を式の中で掛け合わせる）。

　　　・y は規格中の表において、材質と設計温度から値を読む。

　　　・A は、配管サービスクラス*など、与えられた設計仕様に定められている。

⑷　外径 D（外径公差は含めない）、設計圧力 P、SE、y、A（Ⓒの場合、後で t に加算する）、必要あれば W を含め、各数値を該当の式に入れ、必要厚さ t を求める（Ⓒの場合は t_m）。

(5) 開先加工後の開先部を含め、管のいかなる箇所も、製管時の負の肉厚公差を考慮した厚さを下まわらない場合は、呼び厚さに負の肉厚公差を考慮した最小厚さが、(4)の必要厚さ t（Ⓒの場合は t_m）より厚い管を選ぶ。

＊企業がプラントで使用する配管を圧力、温度、材質、流体、腐れ代などからグループ分けし、グループごとの使用材料などを定めたもの。

〔注〕Ⓐの場合のクリープ温度域の必要厚さ計算式について

Ⓐには(式2-10)に相当する式が2020年4月現在、規定されていません。日本で、(式2-10)に相当する式が規定に取り込まれているものに、日本電気協会発行「圧力配管及び弁類規定 JEAC3706」、日本機械学会発行「火力発電設備規格 詳細規定STA1」、日本石油学会発行「石油工業用プラントの配管基準 JPI 7 S77」などがあります。

---

④ ベンドなど管継手の強度評価の考え方

管継手においても、壁断面の応力が引張り応力のみである場合は、(式2-7) $(A+B/2)P=BS$、または (式2-10) $(A+B)P=BS$ の考え方で強度計算式を導くことができます。この考え方が使える管継手として、ベンド（エルボを含む）、マイタベンド（エビ継手）、レジューサ、Tなどがあります。

エルボを例に、必要厚さを求める式を導きます。

図2-11(a)に寸法を示すベンドの任意の角度 θ の範囲内について、(式2-10)を適用します。ベンドの中立軸を境に腹側と背側に分け、腹側の壁の面積を B、空間の面積を A、同様に背側の壁の面積を B'、空間の面積を A' とします。(式2-10) から、図2-11(a)の寸法を使い（腹側と背側の壁の厚さは等しいとしています）、腹側の壁の必要厚さを求める式を導きます。ここに壁の厚さ t はエルボの径 D に対し十分小さいものとします。

$$(A+B)P = \left[\frac{1}{2}\theta R^2 - \frac{1}{2}\theta\left(R-\frac{D}{2}\right)^2\right]P, \quad BS = \theta\left(R-\frac{D}{2}\right)tS,$$

そして、$(A+B)P=BS$ より

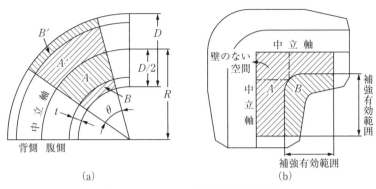

図2-11　ベンドの強度計算式を導く

$$t = \frac{PD}{2S} \quad I = \frac{PD}{2(S/I)} \qquad \text{（式2-15）}$$

$$\text{ただし} \quad I = \frac{4(R/D) - 1}{4(R/D) - 2} \qquad \text{（式2-16）}$$

ここに、I：**応力強め係数**（と言います）、R：ベンド中立軸曲げ半径

エルボ背側の必要厚さを腹側の壁の必要厚さと同じ手法で求めると、エルボ背側の必要厚さは（式2-15）で表され、Iは（式2-17）となります。

$$I = \frac{4(R/D) + 1}{4(R/D) + 2} \qquad \text{（式2-17）}$$

（式2-16）と（式2-17）を比較すると、（式2-16）の方が大きくなります。したがって背側よりも腹側の壁の必要厚さの方が大きくなります。このことは、図2-11(a)より $A/B > A'/B'$ であることがわかり、（式2-10）を変形した $(A/B + 1) = S/P$ の式とを考え合わせると、P 一定で腹側の方の応力 S が高くなることからもわかることです。

次は、図2-11(b)のような、中立軸に沿って流路断面形状と壁断面形状が均一でない厚肉の管継手に対する耐圧強度の評価方法です。判定式は（式2-7）の $(A + B/2)P \leq BS$ を使います。（出典は文献1）。

ここで注意すべきことは、(a)のベンドでは中立軸に沿う空間部には内圧を負担する壁が必ず存在しました。しかし、(b)のベンドはベンドの中央付近に壁を持たない空間が存在します。この空間に掛かる内圧により生じる周方向応

力は、負担する壁を持たないので、この空間近傍の、強度的に余裕のある壁が肩代わりします。しかし肩代わりできる壁は、この空間の近くになければなりません。そこで、**補強有効範囲***を定め、その範囲内で（式2-7）が満足するようにします。

> ＊補強有効範囲の一般的な考え方は文献3参照。補強有効範囲を設けて強度評価する代表的なものに、2.5節⑦、⑧で述べる「穴のある管の補強」があります。

さて、図2-11(b)において、補強有効範囲内のA、Bの面積を計算または測定し、（式2-7）により内圧に対する強度を評価します。ここに、A：流路面積、B：壁面積、P：内圧、S：許容応力、です（具体的な補強有効範囲は文献1を参照）。

他に、T、Y（Y形の管継手）（文献1）、複雑なバルブボディ（文献2）などについても、同様な考え方で耐圧の強度評価を行うことができます。

⑤ 規格によるベンド最小必要厚さを求める式

Ⓑ ASME B31.1 Power Piping（JSME S TA1）の式*

> ＊Ⓐの規格にはベンドの必要厚さを求める式は規定されていない。

ベンド（エルボを含む）の腹と背の最小必要厚さは（式2-18）で計算します。ベンドの弧の中心（90°ベンドの場合、端部より45°の位置）における腹、背、中立軸位置の厚さがそれぞれの最小必要厚さ未満であってはならない（中立軸の必要厚さは直管の必要厚さと同じ）としています。

$$t = \frac{PD}{2(SE/I + Py)} + A \qquad \text{（式2-18）}$$

> I：応力強め係数。（式2-19）、または（式2-20）により計算

腹の部分：

> R：ベンドの中立軸の曲げ半径（単位 mm）

$$I = \frac{4(R/D) - 1}{4(R/D) - 2} \qquad \text{（式2-19）}$$

背の部分：

$$I = \frac{4(R/D) + 1}{4(R/D) + 2} \qquad \text{（式2-20）}$$

（式2-19、2-20）は（式2-16、2-17）と一致します。

ⓒの規格の場合は、(式 2-18) の A を外して計算した t に A を加えた $t_m =$ $t + A$ を必要厚さとしますが、I は (式 2-19)、(式 2-20) と同じです。

⑥ 分岐管接続部にある穴付近の強度が落ちる理由

管路を分岐・合流させるときに JIS 規格の T (ティー) の他に、図 2-12 に示す組立 T (管台を母管に直接溶接するタイプ) も使われます。組立 T が使われるのは、

(1) 母管と管台 (枝管) のサイズの開きが大き過ぎて JIS の T がない場合

(2) 母管のサイズが大きすぎて JIS の T がない場合

(3) JIS の T よりコストがかからず、信頼性に問題がない場合

などです。組立 T の形式、図 2-12(a) は、穴加工、溶接が比較的容易で配管に多く採用されます。(b) は、(a) では穴付近の強度が不足するので、補強板で穴のまわりを補強するタイプ。(c) は (a) より加工に手間がかかり配管ではあまり使用されません。(d) は穴の補強のための母管内側への出張りが、流れをじゃますので配管では使用されません。

組立 T は、穴のまわりの強度が穴のない管より落ちても、強度が十分であることを計算により証明することが必要です。

管に穴があると、強度が低下する理由を説明します。

壁が長手方向に裂けようとする、内圧による分断力は、壁に生じる周方向応力による力によって抑えられています。母管に枝管を出すための穴を開けると、その部分は母管の壁がなくなり、内圧に対抗する周方向の引張り応力が存在しません。そのため、穴付近では、裂けようとする力に対抗する、裂けまいとする力が不足するので、裂けようとする力に対抗するため、穴付近の壁の周方向応力が、図 2-13 のように局部的に大きくなります。許容応力を越えて増えた応力は「穴の周辺」に「強度に余裕のある部分」を設けて負担してやる必要

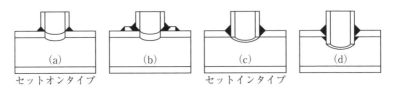

図2-12 組立Tのタイプ

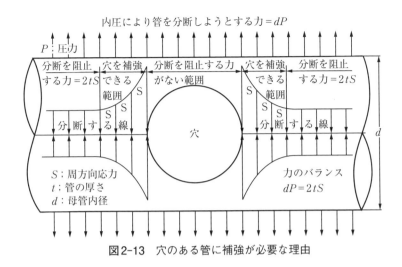

図2-13 穴のある管に補強が必要な理由

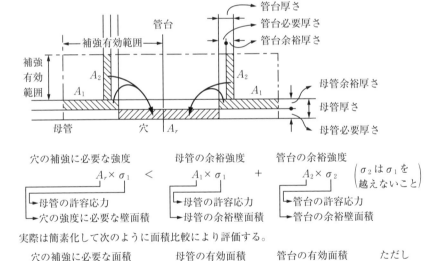

穴の補強に必要な強度　　母管の余裕強度　　管台の余裕強度

$$A_r \times \sigma_1 \quad < \quad A_1 \times \sigma_1 \quad + \quad A_2 \times \sigma_2 \quad \binom{\sigma_2 \text{は} \sigma_1 \text{を}}{\text{越えないこと}}$$

→ 母管の許容応力　　　→ 母管の許容応力　　　→ 管台の許容応力
→ 穴の強度に必要な壁面積　→ 母管の余裕壁面積　→ 管台の余裕壁面積

実際は簡素化して次のように面積比較により評価する。

穴の補強に必要な面積　　母管の有効面積　　管台の有効面積　　　ただし

$$A_r \quad < \quad A_1 \quad + \quad A_2 \times (\sigma_2 / \sigma_1) \quad (\sigma_2 / \sigma_1) < 1$$

図2-14 穴の強度補強の考え方（補強板ない場合）

があります。この負担できる「穴の周辺」は、規格で寸法を定める「補強有効範囲」内です。また「強度に余裕のある部分」は、母管、管台、取付すみ肉溶接、補強板（設けた場合）の、内圧に対して必要な厚さの部分を除いた部分で

す（図 2-14 参照）。

⑦ 規格、基準による組立 T の強度評価の要領

次に図 2-15 を使って、穴のまわりに補強板を付ける場合を含め、規格にしたがった、穴のある管の強度評価のやり方の要領を説明します。

管内圧により生じるもっとも高い応力である周方向応力が許容応力下にある母管と管台の中心軸を含む管断面（図 2-15 の断面）強度が、穴があるために失われる力の大きさは、面積 A_r（＝穴径 d ×母管の必要厚さ t_r）に母管の許容応力 σ_1 を掛けた $A_r \cdot \sigma_1$ となります。

一方、補強有効範囲内にあって、失われた穴の強度の補強に使える各部の力の大きさは次のようになります。

母管：$A_1 \times \sigma_1$、管台：$A_2 \times \sigma_2$、管台取付すみ肉溶接（補強板がある場合）：$A_{21} \times \sigma_2$、補強板がある場合は、補強板：$A_3 \times \sigma_3$、管台取付すみ肉溶接：$A_{21} \times$ min（σ_2、σ_3）、補強板取付すみ肉溶接：$A_{31} \times \sigma_3$。

ここに、σ_1：母管の許容応力、σ_2：管台の許容応力、σ_3：補強板の許容応力、ただし、σ_2、σ_3 の値は最大でも σ_1 の値とします。

これらの補強に使える力の総計が、穴によって失われる力、言い換えると、穴の補強に必要な力を上回ることが必要です。

ここで、上記の各応力を σ_1 で除して応力を無次元化し、面積比較で済ませ

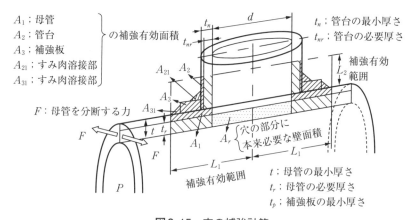

図2-15　穴の補強計算

られるようにします。そこで、$\sigma_2/\sigma_1=f_1$、$\min(\sigma_2/\sigma_1、\sigma_3/\sigma_1)=f_2$、$\sigma_3/\sigma_1=f_3$、とします。ただし f_i の最大値は1です。これにより、「強度」の大きさの比較は次のように「面積」の広さの比較に置き換えられます。

穴の補強に必要な面積は A_r、補強に有効な面積は、母管：A_1、管台：$A_2\times f_1$、管台取付すみ肉溶接（補強板がない場合）：$A_{21}\times f_1$、補強板がある場合は、補強板：$A_3\times f_3$、管台取付すみ肉溶接：$A_{21}\times f_2$、補強板取付すみ肉溶接：$A_{31}\times f_3$、と表すことができます。そして、穴の補強が満足する条件は、下記のようになります。

補強板がない場合：$A_r < A_1+A_2\times f_1+A_{21}\times f_1$

補強板がある場合：$A_r < A_1+A_2\times f_1+A_{21}\times f_2+A_3\times f_3+A_{31}\times f_3$

⑧ 穴の補強計算の手順（図2-15 参照）

穴の中心を通り、母管中心軸を含む切断面（図2-15）での評価手順を、Ⓐ JIS B 8201「陸用鋼製ボイラ構造」に従い説明します。Ⓑ、Ⓒの規格のやり方も大筋でⒶと同じですが、細部において違いがあります。

---

(1) 寸法公差は強度的に評価がもっとも厳しくなる寸法公差を取り入れる。ただし、母管と管台の外径 D、D_n の公差は考えない。

母管と管台の最小厚さ t、t_n =（呼び）厚さ－付け代 A －厚さの負の公差

補強板最小厚さ t_p =（呼び）厚さ－厚さの負の公差

穴部と管台の最大内径 d = 管台外径 D_n － 2×（管台の最小厚さ t_n）

必要厚さの計算式は、Sch 管であれば、外径基準の式を採用する。

(2) 母管、管台の必要厚さ、t_r、t_{nr} を計算。計算式は（式2-12）による。ただし、（式2-12）の A は、(1)において、含入すみなので、（式2-12）から外す。なお、母管に長手継手があっても穴を通らなければ、母管の E は1とする。

(3) 穴の補強に必要な面積 A_r を計算する。

$$A_r = dt_rF$$

F は強度評価を行う面の、母管の中心軸となす角度により変わる係数で、評価面が母管の中心軸を含む場合（前記角度が0）が強度的にもっ

とも厳しくなり、このとき、$F = 1$ である（最大値）。一般にはこのもっとも厳しい面で評価する。

(4) 補強有効範囲を計算する。

　　母管中心軸方向（穴の中心より両側に）：$L_1 = \max(d,\ t + t_n + d/2)$

　　母管垂直方向（母管外径より両側に）：$L_2 = \min(2.5\,t,\ t_p + 2.5\,t_n)$

　　注：補強板とその外周のすみ肉溶接は補強有効範囲内にあるものとする。

(5) 穴の補強に有効な面積を計算する。

　　母管の持つ有効な面積：$A_1 = (2\,L_1 - d)(Et - Ft_r)$

　　管台の持つ有効な面積：$A_2 \times f_1 = 2\,L_2(t_n - t_{nr})f_1$

　　〈補強材がない場合〉

　　管台取付すみ肉溶接の有効面積：$A_{21} \times f_1 = (溶接脚長)^2 f_1$

　　〈補強材がある場合〉

　　補強材の有効面積：$A_3 \times f_3 = (D_P - d - 2\,t_n)t_p f_3$

　　　　ここに、D_P は補強板直径

　　管台取付すみ肉溶接の有効面積：$A_{21} \times f_2 = (溶接脚長)^2 f_2$

　　補強板取付すみ肉溶接の有効面積 $= A_{31} \times f_3 = (溶接脚長)^2 f_3$

　　(5)の補強有効面積の合計を A とする。

(6) 判定　$A > A_r$ であれば、穴の補強は十分であると言える。

2.6 負圧で起こる座屈

原理原則	管は一般に正圧よりも負圧に弱い

　配管の内圧が外圧より低い場合、座屈を起こして、凹んだり、圧壊することがあります（図1-2 ⓗ）。座屈という現象は配管、容器の他に、圧縮荷重を受ける長柱（ロッド）、横荷重を受ける梁、内圧を受けるベローズなどでも起こりますが、いずれの場合も応力が降伏点に達して起こるのではなく、降伏点以下であっても、圧縮方向の変形や外力が限界を超えると安定した状態を保てな

くなり、急激に変形したり、崩壊したりします。

　管が負圧で座屈しない**座屈限界圧力**は、円筒部の端部間長さ（円筒の変形を防止するために入れるリブも円筒部の端部と考える）、外径、壁の厚さ、ヤング率などの関数です。円筒部の長さがある値より短くなると、短さに応じて、座屈限界圧力は高くなります。

　配管、容器の座屈限界圧力は、ASME Boiler & Unfired Pressure Vessel Code Sec Ⅷ Division 1、または、JIS B 8265 圧力容器の構造――一般事項の付属書 E により、チャートを使って求められます。

　ここでは、十分長い管の座屈限界圧力を求める式を（式2-21）に示します。

　なお、円筒部の端部間長さ、または補強リブ間距離を L、外径を D として、$L/D \leqq 50$ の場合の限界圧力は、（式2-21）で計算された限界圧力より高くなります。

$$P_a = \frac{2E}{3(1-v^2)}\left(\frac{t}{D}\right)^3 \quad \text{(MPa)} \qquad\qquad (式 2\text{-}21)$$

ここに、E：ヤング率（MPa）、v：ポアソン比、t：厚さ（m）、D：外径（m）

　この式は Bresse-Bryan の理論式と言い、安全係数 3 をとっています。

　温度 150 ℃以下の鋼管の場合は、（式2-21）に、鉄系の物性値、$E = 200 \times 10^3$（MPa）、$v = 0.293$ を代入すれば、

$$P_a = 1.51 \times 10^6 \left(\frac{t}{D}\right)^3 \quad \text{(MPa)} \qquad\qquad (式 2\text{-}22)$$

となります。

　（式2-21）は、座屈限界圧力に影響を与える材料の物性値は、許容応力ではなくヤング率であることを示しています。つまり、座屈は応力の大小ではなく、変形の大小により起こるものです。

〔文　献〕

1 「Design of Piping System」Kellog Co. 復刻版（2009）
2 「発電用原子力設備規格設計・建設規格」日本機械学会発行
3 「Pipe Stress Engineering」Liang Chuan（L.C.）Peng、Tsen-Loong（Alvin）Peng 著、ASME Press

物性値	代表物質	ISO 単位	工業単位、帝国単位系、等
ヤング率	軟鋼	2×10^{11} N/m^2=200GPa	2.1×10^4kgf/mm^2
密　度	軟鋼	7860 kg/m^3	比重量 7860 kgf/m^3
	水	1000 kg/m^3　@ 4℃	比重量 1000 kgf/m^3@ 4℃
	作動油 ISOVG32	870 kg/m^3　@ 15℃	
	空気	1.25 kg/m^3　@ 10℃，大気圧	
		1.13 kg/m^3　@ 40℃，大気圧	
動粘性係数または動粘度	水	1.01 mm^2/s　@ 20℃	1.01 cSt　@ 20℃
		0.56 mm^2/s　@ 50℃	0.56 cSt　@ 20℃
	作動油 ISOVG32	34 mm^2/s　@ 37.8℃	34 cSt　@ 37.8℃
		5.4 mm^2/s　@ 98.9℃	5.4 cSt　@ 98.9℃
	空気	14.2 mm^2/s　@ 10℃	14.2 cSt　@ 10℃
		17.0 mm^2/s　@ 40℃	17.0 cSt　@ 40℃
粘性係数または粘度	水	1.01×10^{-3} Pa·s　@ 20℃	1.010 cP　@ 20℃
		0.55×10^{-3} Pa·s　@ 50℃	0.55 cP　@ 50℃
	空気	1.77×10^{-5} Pa·s　@ 10℃	0.0177 cP　@ 10℃
		1.92×10^{-5} Pa·s　@ 40℃	0.0192 cP　@ 40℃
定圧比熱	水	4.21 kJ/kgK　@ 0℃	
		4.18 kJ/kgK　@ 20℃	
	空気	1.007×10^3 KJ/kgK　@ 10℃	
		1.008×10^3 KJ/kgK　@ 30℃	
線膨張率	鉄	11.8×10^{-6}/K　@ 30℃	
	18-8 SUS	17.3×10^{-6}/K　@ 30℃	
熱伝導率	軟鋼	53 W/m·K　@ 30℃	46 kcal/m·h°C
	18-8 SUS	16 W/m·K　@ 30℃	14 kcal/m·h°C
大気圧		1 atm=1.013×10^5 Pa	
		=101.3kPa	
音　速	空気中	約 344 m/s　@ 20℃	
	水中	約 1500 m/s　@ 20℃	
重力の加速度		9.81 m/s^2	32.2 ft/s^2

備考：水や油の粘性は温度が上がると小さくなるが、空気の粘性は温度が上がると大きくなる。

玉形弁

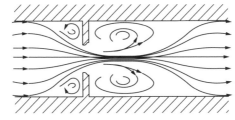

オリフィス

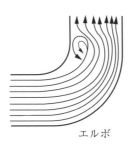

エルボ

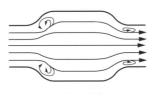

拡大・縮小

（本章では、流路断面の平均流
速は記号 V、流路断面の、ある
位置の流速は記号 v を用います）

落差（差圧）に相当する損失水頭が生じる流量が流れる

3.1 基礎のきそ

原理原則 │ 流れが起こるとエネルギー損失、すなわち圧力損失が生じる

① 流れがあれば、圧力損失が生じる

　流体が持っているエネルギーには、**位置のエネルギー**、**圧力のエネルギー**、**速度（流速）のエネルギー**の3つの形態があります。

　流体が流れると、壁と壁に接する流体との間、接する流体の層同士の間、の流速差により生じる摩擦力、あるいは流れによってできる渦などにより熱を発生し、熱は外部に捨てられます。これが**エネルギー損失**です。それは流体が流れるとき、**圧力損失**として現れます。逆にいえば、流体が流れるには、失われる損失に相当する位置のエネルギーの"落差"、あるいは圧力のエネルギーの"差圧"が流体に与えられねばなりません。「流体は与えられたエネルギーに等しい損失を生じるように流れる」ということができます（図3-1）。

　管路の場合、位置エネルギーと速度エネルギーは流路の高さと口径で決められてしまい、エネルギー損失の多少に応じて変わることができないので、損失は圧力損失（すなわち、圧力の減少）として現れます。

　流体が液体の場合、圧力損失（単位は、たとえばkPa）を表すのに液体の高さである水頭（単位はm）で示す**損失水頭**を使います。

　水柱の高さ h（m）の水頭と水柱底面の圧力 p（Pa）の間には（式3-1）の関係があります（図3-2）

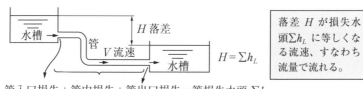

管入口損失 ＋ 管内損失 ＋ 管出口損失 ＝ 管損失水頭 $\sum h_L$

図3-1　落差、損失水頭、流量との関係

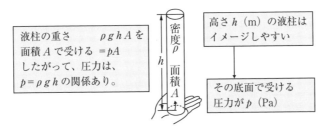

図3-2　液体の圧力に水頭が使われる理由

$$p = \rho gh \qquad\qquad (式\,3\text{-}1)$$

　液柱高さ m で表す水頭の物理的意味は、重さ 1 N の流体が持つエネルギー（単位 N・m）を意味しています。1 N・m/1 N＝m となるからです。

　流体が液体の場合、圧力よりも水頭が使われるのは、圧力何 kPa より水頭何 m の方がその大きさをイメージしやすいからです（図 3-2）。

② 流れのエネルギーは保存される

　力学的エネルギーの保存則は、位置エネルギーと運動（速度）エネルギーの和は一定に保たれるというものですが、流体には**流体エネルギーの保存則**があり、流体の持つ位置、速度（流速）、圧力の各水頭の和は、1 本の流線上のどこにおいても変わらないというもので、**ベルヌーイの定理**と呼ばれます。**位置水頭を z、圧力水頭を $p/\rho g$、速度水頭を $V^2/2g$** とし、実際の流体では前項①で説明したように損失水頭が生じるので、その水頭を h_L とすれば、流体エネルギーの保存則は（式 3-2）のように書かれます。H_0 は**全水頭**と言い、流路上流の水槽水位の水頭などが相当し、流体が持つ当初のエネルギーを意味します。

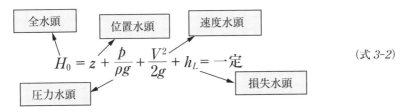

$$H_0 = z + \frac{p}{\rho g} + \frac{V^2}{2g} + h_L = 一定 \qquad (式\,3\text{-}2)$$

　ここに、V：平均流速（m/s）（流量 m³/s を流路断面積 m² で除したもの）、g：重力の加速度（m/s²）、ρ：流体密度（kg/m³）です。

　また、（式 3-2）より、位置⓪の水槽から流れ出る流線上にある位置①と位

置②の間に（式 3-3）が成り立ちます（位置⓪、①、②は図 3-3 参照）。

$$H_0 = z_1 + \frac{p_1}{\rho g} + \frac{V_1^2}{2g} + h_{L1} = z_2 + \frac{p_2}{\rho g} + \frac{V_2^2}{2g} + h_{L2} \qquad (式 3\text{-}3)$$

ここに、h_{1L}、h_{2L} はおのおの位置⓪〜①間、⓪〜②間の損失水頭です。

図 3-3 は、落差のある 2 つの水槽をつなぐ配管の流れにおけるベルヌーイの定理を目に見えるようにしたものです。任意のレベルの基準線から流線までの「高さ」である**位置の水頭**、流線上の静圧である**圧力水頭**は測圧管の水位として目で見ることができます。その上に、目に見えない**速度水頭**があります。測圧管の水位、$z + p/\rho g$ を連ねた線を**水力勾配線**、水力勾配線に速度水頭を加えた、$z + p/\rho g + V^2/2g$ の線を**エネルギー勾配線**といいます。エネルギー勾配線と全水頭の間のギャップが損失水頭です。

　流れに沿って、流線のレベルが下がれば、位置水頭が圧力水頭に変換し、レジューサの拡大などで流速が下がれば、速度水頭が圧力水頭に変換します。したがって、水力勾配線は上り勾配になることがあります（図 3-3 の②付近）。エネルギー勾配線は流れに沿って、損失水頭が増加する一方なので、常に下り勾配です。水力勾配線と流線の間の距離は流線上の静圧を示しているので、流路の全経路にわたり、どの程度の正圧であるか、あるいは負圧であるかを一目で知ることができます。

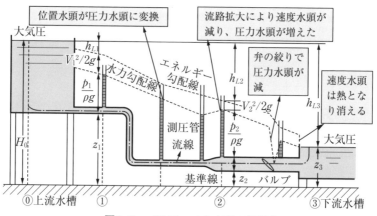

図3-3　ベルヌーイの定理の視覚化

3.2 損失水頭を求める

原理原則 損失水頭は流速の2乗に比例する

① 層流、乱流、そしてレイノルズ数

流体の流れ方に層流と乱流の2つのタイプがあります（図3-4）。流れの水中でインクを一筋、糸状に流したとき、かき乱されず糸状のまま流れるような流れを「層流」と言います。インクを糸状に流した途端に、その筋が乱れ、周りの水と交じりあってその痕跡が認められなくなるような流れを「乱流」と言います。流れが層流になるか乱流になるかは、流体の勢いを持続する慣性力（＝質量×加速度）と、粘性により流れの勢いを抑制する力（＝粘性によるせん断応力*×せん断面積）の比、すなわち、［流れの慣性力／流れの抑制力］によって決まります。

> *粘性によるせん断応力：粘性のある流体の2つの層の流速差により、遅い方の層が速い方の層に働きかける、動きを抑制する力。

この比は、**レイノルズ数**（以下、Re数、あるいは Re と略記する）と呼ばれ、（式3-4）のように表されます。

$$Re = \frac{DV\rho}{\mu} \qquad\qquad (式\,3\text{-}4)$$

Re数は、流れの力学的特徴を示す無次元数で、分子は、内径 D（m）、流速 V（m/s）、密度 ρ（kg/m^3）を掛けたもので、「流体粒子の勢い」のようなものを表しています。分母は流体の**粘度（粘性係数）** μ（単位：Pa・s）で、「流体粒子の動きの抑制力」を表しています。したがって、Re数が小さい流れは

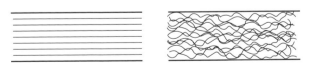

(a) 層流のイメージ　　　(b) 乱流のイメージ

図3-4　層流と乱流の粒子の動き

静かな、抑制の利いた粒子の流れで層流となり、Re 数が大きい流れは、活発な勢いのある粒子の乱流となります。具体的には、**Re 数が 2000 以下で層流、4000 以上で乱流**、その間は層流になったり乱流になったりする不安定な遷移域になります。

② 損失水頭はどのようにして起こるか

流れがあると損失水頭は、次のようにして発生します。

流体が水槽から管に入った瞬間は、流路の全断面にわたり流速 v は一様ですが（図 3-5 の左）、壁に沿った流れはその直後、流速 v の流れと流速 0 の壁の間の流速の差と流体の粘度の影響で、せん断抵抗が生じ、流速が減速します。流れの中央の方はその影響をまだほとんど受けません。下流へ進むに従い、壁際の流れは壁とのせん断抵抗によりさらに減速していきます。また、壁際の流れに隣接する、流れの中心に近い側の流れは、壁際の減速した流れの影響を受け、若干減速します。その減速の影響は流れの中心へ向かって弱まりつつ波及していきます。入口より十分下流になった所（図 3-5 の右）では、壁による抵抗と流体各層間の抵抗により、断面の**流速分布**は定まった形状、層流の場合はほぼ放物線状となります（**図 3-6**(a)）。

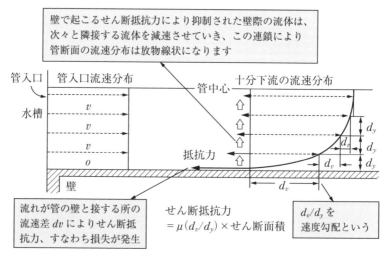

図3-5　損失水頭の生成

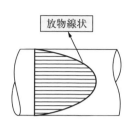
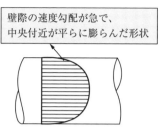

（a）層流の流速分布のイメージ　（b）乱流の流速分布のイメージ

図3-6　層流と乱流の流速分布

流れに生じる**せん断抵抗力**により流体は熱を発し、エネルギー損失となります。単位面積当たりのせん断抵抗応力 τ は、ニュートン流体（一般的な流体）では粘度 μ と**速度勾配** d_v/d_y の積で、（式 3-5）で表されます。

$$\tau = \mu(d_v/d_y) \tag{式 3-5}$$

損失水頭に影響する、流れの特性に関する因子は、流れが層流か乱流か、そして粘度、そして管表面の相対粗さ（粗さの高さ／管内径）です。管の内表面には、材質、製法などで決まる肌理（きめ）の細かい凹凸があります。新品の熱間加工の鋼管内面の凹凸高さは 0.05 mm とされています。

層流の損失メカニズム：層流の流速分布は放物線となり、層流で生じる損失は、壁と流体の間、流体の層と層の間、の流速差に粘度が働いて生じるせん断抵抗力に起因し、Re 数と深く関わりがあります（**図3-7(a)**）。式で表すと（式3-5）になります。層流においては、管の粗さは流速分布や損失に影響しません。

乱流の損失メカニズム：乱流においても、壁際には**粘性底層**（層流底層ともいう）と呼ぶ薄い層流の層があります。管の粗さがこの層に埋没していれば、

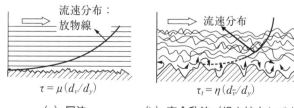

（a）層流　　　（b）完全乱流（粗さ拡大してある）

図3-7　層流と乱流、損失水頭の原因

層流の流れのように、損失は粗さの影響を受けず、粘性のみの影響を受けます（この状態を**水力学的に滑らかな管**といいます）。粗さのほとんどの部分が乱流中に突き出している場合の状態を**完全乱流**（または**粗い管**）といい、乱流中に突き出た突起が流れを著じるしく乱し、損失は粗さの影響のみを受けます（図3-7(b)）。流速分布も放物線でなく、流れの中央付近が平らな形になります。この状態で、層流の（式3-5）に似た（式3-6）が成り立ちます。

$$\tau_t = \eta\,(d_{\bar{v}}/d_y) \tag{式 3-6}$$

ここに、τ_t を乱流せん断応力、$(d_{\bar{v}}/d_y)$ を平均速度勾配、η を渦粘度、といいます（詳しくは文献3、4など参照）。

粘性底層の高さと粗さの高さとの関係が「水力学的に滑らかな管」と「完全乱流」の間は粗滑中間域の流れで、損失は粘性と粗さ双方の影響を受けます。

③ 損失水頭を求める基本計算式

損失水頭を求めるのによく使われる基本的な式は、次に示すダルシー・ワイスバッハの式です。

・ダルシー・ワイスバッハの式

損失水頭 h_L は、（式3-7）、（式3-8）のダルシー・ワイスバッハの式より求めることができます。

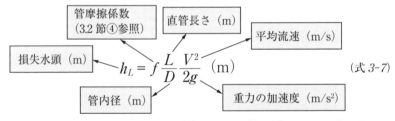

$$h_L = f\frac{L}{D}\frac{V^2}{2g} \quad \text{(m)} \tag{式 3-7}$$

管摩擦係数（3.2節④参照）／直管長さ（m）／平均流速（m/s）／損失水頭（m）／管内径（m）／重力の加速度（m/s²）

（式3-7）は流路の断面が円形かつ満水で流れる管に適用される式です。

右辺の流速 V を流量 Q（m³/s）に変換するには、**連続の式**と呼ばれる、$(\pi/4)D^2V = Q$ の式を使い、V を Q に変換します。変換により、（式3-7）は（式3-8）となります。

$$h_L = f\left(\frac{L}{D}\right)\frac{8Q^2}{\pi^2 D^4 g} \quad \text{(m)} \tag{式 3-8}$$

流量（m³/s）

④ ムーディ線図から f を求める

（式 3-7）または（式 3-8）を使って損失水頭を求めるには、**管摩擦係数 f** を知る必要があります。f は Re 数と**相対粗さ** ε/D（ε は管内面の絶対粗さの高さ、D は管内径）で決まります。f を求める式には、ブラジウスの式を始めとするさまざまな式があり、パソコンソフトで計算するときにそれらの式が使われますが、これら式は両辺に f が入っているため、手計算で f を求めるには手間がかかります。手計算で損失水頭を計算する場合、f を求めるには、一般には**ムーディ線図**（**図 3-8**）が使われます。

ムーディ線図は左縦軸が管摩擦係数 f、下横軸が Re 数でいずれも対数目盛です。右縦軸の数値は相対粗さ（ε/D）です。

ムーディ線図においても、Re 数が 2000 以下は層流、2000～4000 の間は層流になったり乱流になったりする不安定な**遷移域**、4000 以上は乱流となっています。

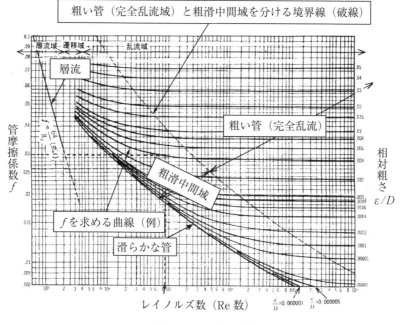

図3-8　ムーディ線図

　ムーディ線図に引かれた、層流域の 1 本の太めの直線と乱流域の多数の相対粗さごとに引かれた太めの曲線（部分的に直線）により f を求めます。

　層流域の f は、ムーディ線図で一番左に引かれた右下がりの 1 本の直線上に当該 Re 数をとり、その点を左へ水平移動して左縦軸より f を読み取ります。層流域の f は

　［f ＝ 64/Re］の式からも簡単に求められます。

　ムーディ線図の乱流域の最下部の曲線は「**滑らかな管**」と呼ばれ、乱流でありながら、相対粗さの影響はなく Re 数のみで f が決まります。

　「滑らかな管」以外の乱流域の管は、右縦軸で該当する相対粗さ ε/D の、f を求める曲線上を左方向へたどり、当該 Re 数のところで、左縦軸の f を読み取ります。該当する ε/D の線がないときは、線形補間法により求めます。

　ムーディ線図の乱流域で、f を求める曲線が水平になっている領域は、「**完全乱流**」または「**粗い管**」と呼ばれ、f が Re 数に関係せず、相対粗さ ε/D だけで決まる領域です。この領域では、右縦軸上の、ある値の ε/D の点を水平に左へ伸ばし、左縦軸の交点が求める f です。ある値の ε/D の f はムーディ線図からわかるように「完全乱流域」において最小値をとります。

　ムーディ線図の乱流域で f の線が右下がりの勾配を持った領域「**粗滑中間域**」の f は、当該相対粗さの線上に当該 Re 数の点を求め、その点を左へ水平移動して、f を読みます。

⑤ 管継手、バルブの損失を求める

　管継手、バルブ等の損失（以下 "管継手等の損失" と呼ぶ）は流れがこれらを通過するときにできる、乱れ、渦、はくりなどによるものです。直管の損失は（式 3-5）、（式 3-6）で求められますが、管継手等の損失は、それに準じた方法で求められます。

　たとえば、玉形弁（9.3 節参照）を例にとると、その損失は玉形弁で生じる損失と同じ損失を生じる管長さの「**相当管長さ**」L_e（m）で表します（**図 3-9**参照）。しかしこの方法ですと、玉形弁のサイズごとに L_e があり、煩わしいので、L_e を管径 D によって除した「**相当管長比**」L_e/D を使います。米国の Crane 社はさまざまなテストや調査によって、各種の管継手やバルブの L_e/D

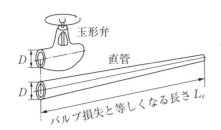

玉形弁
直管
D
D
バルブ損失と等しくなる長さ L_e

L_e/D は形式ごとに一定値となる。
これを「相当管長比」という。

図3-9　相当管長さL_eと相当管長比L_e/D

が、サイズに関係なく、その形式（たとえば、玉形弁とかロングエルボとか）ごとにほぼ一定になることを確かめました。形式ごとの相当管長比L_e/Dを使って管継手等の損失水頭を求める方法は広く使われています。L_e/Dを使って管継手等の損失水頭を求める式は、次のようになります。

$$h_L = f_T\left(\frac{L_e}{D}\right)\frac{V^2}{2g} \quad \text{(m)} \tag{式 3-9}$$

$$K = f_T\frac{L_e}{D} \tag{式 3-10}$$

と置けば、（式3-9）は、

$$h_L = K\frac{V^2}{2g} \quad \text{(m)} \tag{式 3-11}$$

と表すことができます。ここに、f_Tは完全乱流域の管摩擦係数*、Kは**抵抗係数**と呼ばれ、管継手等の形式により定まる値です。

（式3-9）、（式3-11）は、流量Qから損失水頭を求める（式3-12）、（式3-13）に変換することができます。

$$h_L = f_T\left(\frac{L_e}{D}\right)\frac{8Q^2}{\pi^2 D^4 g} \quad \text{(m)} \tag{式 3-12}$$

$$h_L = K\frac{8Q^2}{\pi^2 D^4 g} \quad \text{(m)} \tag{式 3-13}$$

＊米国のCrane社は、管継手等の損失を求めるときに使用するfは、実際の流れが完全乱流でなくても、完全乱流域のfを使うことを推奨しています。理由は「たとえ流れが層流であっても、管継手等を通過するときは流れが乱れ、完全乱流のfに近くなるから」などとしています。各種形式の管継手やバルブのCrane社のL_e/Dは文献1を参照願います。

3.3 損失水頭の展開

原理原則　水力平均深さの深い水路ほど損失水頭が小さくなる

① 満水円管以外の損失水頭

ダルシー・ワイスバッハの式は満水の円管の損失水頭を求める式です。断面が円でない管や円であっても満水でない流れ、チャンネルのような水面のある流れの損失水頭は、（式 3-5）に代えて（式 3-14）を使って求めます。

$$h_L = \frac{L}{8R_h} \frac{V^2}{g} \quad \text{(m)} \tag{式 3-14}$$

流体平均深さ　m

R_h は**水力平均深さ**（または**流体平均深さ**、または**動水半径**）と言い、次のように定義されます。

　　R_h = 流路断面積 / 濡れ縁長さ　（単位：m）　　　　　（式 3-15）

濡れ縁長さは流路断面の液体が接している縁の長さです。

内径 D の管が満水のときの R_h を（式 3-15）で計算すると、$D/4$ になります。すなわち、（式 3-16）の関係が成り立ちます。

　　$D = 4R_h$ 　　　　　　　　　　　　　　　　　　　　　（式 3-16）

（式 3-14）を使うときは、Re 数と相対粗さ ε/D はおのおの D のところを R_h に置き換え、Re 数は $\rho V R_h/\mu$、相対粗さは ε/R_h とします。

② 水力平均深さが意味すること

①で述べたように、満水の円管の内径 D も（式 3-14）を使って「水力平均深さ」R_h に置き換えることができますが、R_h はなにを意味しているのでしょうか。

平均流速、粘度、密度が一定として、管口径を変えたとき、管の損失水頭がどのように変わるかを考えてみます。

損失水頭の主原因である流体の層間のせん断抵抗応力は、3.2 節の②で説明したように速度勾配に比例します。図 3-10 は、粘度、平均流速は同じとし

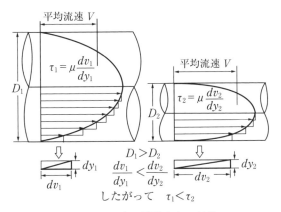

図3-10 太い流路と細い流路

て、太い流路と細い流路の流速分布を示したものです。太い流路は、他の条件が同じであれば、細い流路に比べ、管径、すなわち管の中心から壁までの距離が遠くなるほど、速度勾配が小さくなることがわかります。そのため太い流路の管の方がせん断抵抗応力が小さくなり、損失水頭が小さくなります。したがって、平均流速が同じ場合、管中心から壁までの距離が長い方が損失が小さくなります。

このことを水力平均深さを使って説明すると、いっそうはっきりします。

図3-11は流路の面積が同じで、寸法の異なる開水路（水面のある流れ）の形状と水力平均深さの関係を示しています。

図3-11 (a) 図の流路において、その流路面積 $A \times B$ を持ち、その流路の濡れ縁長さ $(2A + B)$ を底辺とする仮想の流路を考えます。その仮想の流路の深

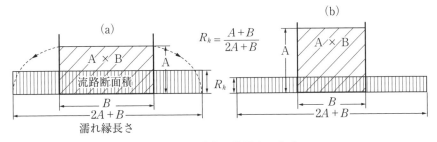

図3-11 水力平均深さの意味

さが「水力平均深さ」R_h です。流路の壁はすべて底辺にもっていってしまったので、側壁には抵抗になる壁はありません。図 3-11(a) と (b) の水力平均深さ R_h を見較べると、(a) の R_h が (b) の R_h より大きくなっています。R_h が大きいということは、水面と壁との距離が長くなり、したがって、損失水頭の主な原因となる壁が流路面積の平均的距離から遠くなり、壁の影響を受けにくい流路形状となり、損失水頭が小さくなるのです。

（式 3-14）は流速（流量）が一定の場合、損失水頭の大きさは R_h の大きさに反比例することを示しています。

このように、どんな断面形状の流路であっても、また水面の有無に関係なく、水力平均深さは、流れやすさの指標となります。

なお、濡れ縁長さを一定としたとき、あるいは流路面積を一定としたとき、当然のことながら水力平均深さには極大値が存在します。

③ 特定業界において使われる経験式

ある特定の用途（たとえば水道用、農業用、消防用など）では、扱う流体の性状（たとえば、常温で内圧 1 MPa 程度以下の水）、管サイズなどが、ある範囲に限定されるので、管摩擦係数を簡素化し、損失水頭が安全サイド（実際より少し大きめ）に出るような経験式（実用式とも言われる）が使われています。経験式の特徴は、損失水頭計算式の管摩擦係数が Re 数や相対粗さの数値によるのでなく、材種（鋼管、セメント管、プラスチック管など）と、新品か否か、だけで決まるようにできていることです。ダルシーの式で必要な管摩擦係数を求める手間が省けます。

経験式で注意することは、損失水頭が一般的に、実際よりやや大き目に出るようなので、経験式に基づいて計画された配管系は、必要流量（あるいは計画流量）より、やや多めに流れることが予想されます（実際流量は管継手、バルブの種類、数量にも影響されますが、経験式には管継手やバルブの損失を計算する式はありません）。必要流量より多く流れる分には構わないという用途では、問題とはなりませんが、必要流量をより正確に、そして必要流量を若干上回る程度の流量が望ましい配管系（プラント配管は、これに該当する）では、ダルシーの式を使った方がよいと思われます。

表3-1 経験式の係数

| c の値
出典：Flow of Fluids 2009 年版 | | n の値
出典：Fluids Flow Handbook Jamal Saleh 著 | | | |
材　料	c	材　料	最小	正常	最大
裸の鋳鉄、ダクタイル鋳鉄	100	スパイラル鋼管	0.013	0.016	0.017
亜鉛めっき鋼管	120	コーティングした鋳鉄管	0.01	0.013	0.014
プラスチック	150	裸の鋳鉄管	0.011	0.014	0.016
セメントライニングした鋳鉄、ダクタイル鋳鉄	140	亜鉛めっき鋼管	0.013	0.016	0.017
		セメントモルタル	0.011	0.013	0.015
銅チューブ、ステンレス鋼管	150	仕上げたコンクリート	0.01	0.012	0.014

　代表的な経験式を以下に示しますが、他にもいくつかの経験式があります。実際流量が必要流量よりどれぐらい多くなるか、それは、適用する経験式により、かなりの差があるように思われます。

【代表的な経験式】

- ヘーゼン・ウィリアムスの式：

$$h_L = \frac{1.35\, V^{1.85} L}{c^{1.85}\, R_h^{1.17}}$$

- マニングの式：

$$h_L = \frac{L V^2 n^2}{R_h^{4/3}}$$

ここに、h_L：損失水頭（m）、L：管長さ（m）、V：平均流速（m/s）、c：ヘーゼン・ウィリアムスの係数、n：マニングの係数（表3-1 参照）

④ 圧縮性流体の損失を近似的に求める

　ダルシー・ワイスバッハの式は、管径が変わらない限り、流速は変らない、すなわち、流体の比容積が変化しない、という前提条件のもとに成り立つ式です。気体の場合、圧力損失による圧力降下により下流で比容積が増え、流速が増します。したがって、ダルシー・ワイスバッハの式は原則的に気体のような圧縮性流体に使うことはできません。

　しかし、入口圧力に対し圧力降下の割合が比較的小さい場合は、次のように

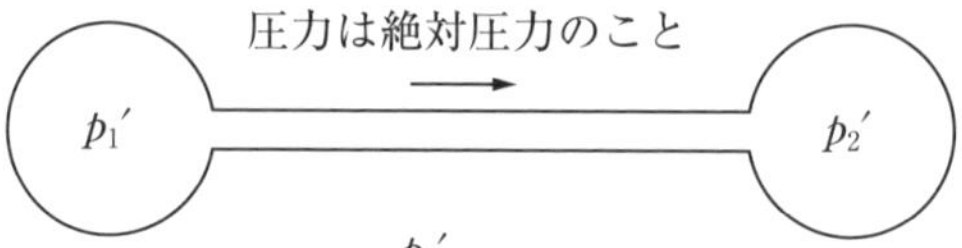

圧力は絶対圧力のこと

$$p_1'$$ $$p_2'$$

(1) $\dfrac{p_1'}{p_1' - p_2'} < 0.1$ の場合

(2) $0.1 \leq \dfrac{p_1'}{p_1' - p_2'} < 0.4$ の場合

(3) $0.4 \leq \dfrac{p_1'}{p_1' - p_2'}$ の場合

図3-12 圧縮性流体にダルシーの式を使う条件

して近似的に圧力損失を求めることができます（図3-12参照。文献1による。複数の国内文献にもこの方法が紹介されています）。

管入口、出口の絶対圧力をおのおの p_1'、p_2' としたとき、

(1) 圧力損失（$p_1' - p_2'$）が入口圧力 p_1' の 10 ％未満のとき、入口または出口の密度 ρ、または比容積 v を使って計算する。

(2) 圧力損失（$p_1' - p_2'$）が入口圧力 p_1' の 10 ％より大きく、p_1' の 40 ％未満のとき、入口と出口における ρ、または v の平均値を使って計算する。または理論式や経験式による。

(3) 圧力損失（$p_1' - p_2'$）が入口圧力 p_1' の 40 ％より大きい場合は、理論式や経験式による。

圧縮性流体の圧力損失を求める理論式、経験式は、文献1を参照。

⑤ 水力勾配線（動水勾配線）を活用する

図3-13 は上部の容器から下部の容器へ飽和水を運ぶ2とおりの配管ルートを例に、それぞれの水力勾配線を示したものです。

水力勾配線は、図3-3 にも示されていますが、ベルヌーイの式の中の、$[z + p/\rho g]$ の頂の軌跡を管路に沿って画いたもので、流線（管路の中心線としてもよい）から水力勾配線までの高さは流線上の静圧を表しています。この場合の静圧は、容器液面の圧力を基準としての圧力となります。容器が大気開放の場合は、ゲージ圧となります。

水力勾配線から次のようなことがわかります。

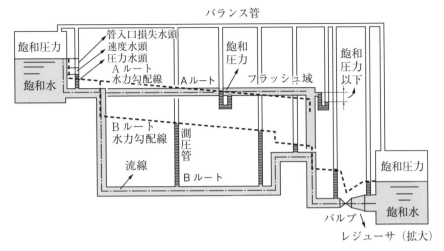

図3-13 水力勾配線とその効用

水力勾配線が流線より上にあれば、流線上の静圧力は容器圧力より高く（＋）、下にくれば低い（－）ことを示しています。容器が大気開放の場合、（－）は負圧を意味します。水ラインで負圧になると、水中に溶けている空気が気泡となり、ベーパーポケット（凸状配管）があれば、そこに気体が滞留し、気体の圧縮性のため不安定な流れとなったり、気相のために水の流路が狭まり、流量不足を起こしたりします。また、負圧になってフランジやバルブのグランド（軸封部）などから、空気を管内へ吸い込むことも考えられます。水力勾配線を管路に沿って追っていけば、その可能性を知ることができます。

図3-13の場合は容器圧力を飽和圧力としているので、水力勾配線が流線より下にくることは、飽和圧力以下になる、すなわち流体がフラッシュすることを意味します。フラッシュすると、流体容積が桁違いに大きくなり、流体を運ぶ上でいろいろな支障が出てきます。

図3-13のAルートの場合、容器を出たエレベーションのまま、水平に長い距離を走らせています。管路を進むに従い損失水頭が累積して、容器を出た直後に持っていた若干の圧力水頭を管路途中で使い果たし、静圧が飽和圧力以下に下がってフラッシュを起こす例です。

一方、Bルートの場合は、容器を出てすぐに管路のエレベーションを下げ、

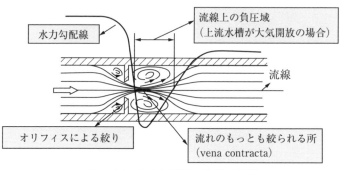

図3-14　水力勾配線と負圧の関係

静水頭の減少により圧力水頭を稼いでいるので、損失水頭を生じても、飽和圧力になるのを回避しています。飽和圧力に近い温水を流す場合、配管途中でフラッシュしないよう、容器を出た直後に管路のエレベーションを下げることが大事です。

　図3-13のBルートでも、ベーパーポケット部とバルブの2箇所で水力勾配線が流線にかなり接近しています。玉形弁、バタフライ弁、調節弁、オリフィスなどで流体が絞られるときは、流体がポートを通過した直後、大きく圧力降下し、フラッシュを起こしやすくなります（**図3-14参照**）。なお、バルブポート上流でのフラッシュは、体積流量が非常に増えた状態でポートを通過しようとするため、計画流量を流せなくなるので、避けなければなりません。

　このように、水力勾配線は、流路における静圧の状況を視覚的に捉えることができ、しかるべき警告を与えてくれます。

⑥　ポンプのある配管系

　配管にもっとも親しい機器はポンプです。ポンプのある配管系の必要流量を流す管サイズを決めるには、使用する予定のポンプの**全揚程曲線**が必要です。全揚程曲線は、ポンプメーカーが作成し、ユーザーに提供される「ポンプ性能曲線」の中に、流量、軸動力、効率などとともに示されています。**全揚程**とは、ポンプが汲み上げる入口水槽水位から出口水槽水位までの高さ（これを**実揚程**という）に吸込み・吐出管の損失水頭を加えたものです。全揚程曲線は、流量（単位は、たとえばm^3/min）を横軸に、水頭（m）を縦軸にとった座標

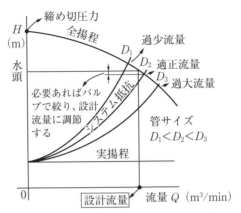

図3-15　ポンプー配管系の管サイズを決める

上において、一般に緩やかな右下がりのカーブになります。流量 0 の揚程は、ポンプ締め切り圧力です。

　配管側で**システム抵抗曲線**を作成します。システム抵抗曲線はダルシーの式 (式 *3-13*) $h_L = K\dfrac{8Q^2}{\pi^2 D^4 g}$ を、上記と同じ座標上にプロットしたもので、流量 Q の 2 次曲線となります。(式 *3-13*) の中の K はこの配管系の管、管継手、バルブなどと管入口・出口などすべての抵抗係数を加えたものです。システム抵抗曲線を全揚程曲線と同じ座標上に Q を変数としてプロットしますが、システム抵抗曲線の起点は、流量 0、水頭 0 ではなく、流量 0、水頭は実揚程の高さになります（図 3-15 参照）。流量がほぼ 0 のときを考えると、配管損失はほぼ 0 ですが水を実揚程の高さまで吸い上げる必要があるからです。

　3.1 節、図 3-1 における $H = \sum h_L$ の H は、ポンプ配管系では全揚程曲線に、$\sum h_L$ は配管のシステム抵抗曲線に該当します。$H = \sum h_L$ はこれら 2 つの曲線が交わる点を指し、その点で運転されることを意味します。

　システム抵抗曲線の管サイズとして、**標準流速**[*]などで選んだサイズとその前後の数サイズを選び、全揚程曲線と同じ座標上にこれらのシステム抵抗曲線を描きます。図 3-15 のようになったとして、口径 D_1 は設計流量（必要流量）に満たないので不可です。設計流量に対し多少余裕のある流量のサイズ、D_2 が

ここでは適切と考えられます。D_3 では流量が流れ過ぎ、適正流量にするために
バルブでかなり絞ることになり、エネルギー損失が大きくなってしまいます。

＊企業等が実績、経験をベースに、流体、用途、口径別に定める標準的な管内流速

⑦ 与えられた差圧で必要流量を満たす管サイズを決める

❶ 例題を解く

> 水位の落差が 3 m ある上位水槽から下位水槽へ、水温 20 ℃ の水 0.5
> m^3/min を流したい。配管の構成は、直管長さ 45 m、エルボ（ロング）
> （$Le/D = 14$ とする）8 個、バタフライ弁（$Le/D = 45$ とする）1 個としま
> す。適正な管サイズを求めなさい（**図 3-16** 参照）。
>
>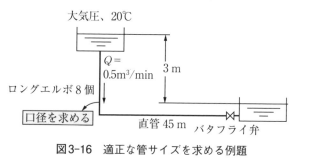
>
> 図3-16　適正な管サイズを求める例題

【解答】インターネットや理科年表などにより、大気圧、20 ℃ の水の質量は
1000 kg/m^3、粘性係数は 1.0 cp（センチポアゼ）= 0.001 Pa・s を得ます。

　本用途に適切な標準流速を 2 m/s として管サイズを仮に決めます。連続の
式 $Q(m^3/s) = (\pi/4)D^2 \cdot V$ より、

$$D = \sqrt{\frac{(4/\pi)Q}{V}} = \sqrt{\frac{1.27 \times (0.5/60)}{2}} = 0.072 \text{ m} = 72 \text{ mm}$$

　管内径 72 mm を満足する鋼管として、80 A、Sch 40（外径 89.1 mm、厚さ
5.5 mm）の管を採用した場合、管内径：$89.1 - 2 \times 5.5 = 78.1$ mm となります。

　この管を採用すると、必要流量時の流速は、

$$V = (0.5/60) / \{(\pi/4)0.0781^2\} = 1.74 \text{ m/s} \quad \text{このときの Re 数を求めます。}$$

$$\text{Re 数} = (DV\rho/\mu) = (0.0781 \times 1.74 \times 1000/0.001) = 1.36 \times 10^5$$

80 A の管内径 D 78.1 mm と新品の熱間引抜鋼管の絶対粗さ ε 0.05 mm（口

径に関係しない）より、相対粗さ $\varepsilon/D = 0.05/78.1 = 0.0006$。

ムーディ線図より、Re 数 $= 1.36 \times 10^5$、相対粗さ 0.0006 の線の交点の f を読むと、$f = 0.020$ と読み取れます。また、管継手、バルブ用の f として、完全乱流の f をとります。ムーディ線図の右端の相対粗さ 0.0006 から水平に左端の f 値を読めば、$f_T = 0.0175$ を得ます。

エルボ、バタフライ弁の累計相当管長比を求めます。

$\sum Le/D = 14 \times 8 + 45 = 157$

直管とエルボ、バタフライ弁の総損失水頭を求めます。（式 3-7）、（式 3-9）より、

$$h_L = \left(0.020 \frac{45}{0.078} + 0.0175 \times 157 \right) \frac{1.74^2}{2 \times 9.8} = 2.21 \text{ m}$$

　　　　　（直管）　　　（エルボなど）

管入口損失の抵抗係数：$K = 0.5$（容器壁に開けた管穴のコーナに丸みをつけない、一般の場合）、管出口損失の抵抗係数：$K = 1.0$（出口容器に捨てられる速度水頭に等しい）として、管入口・出口の損失水頭は、$h_L = (0.5 + 1.0) \dfrac{1.74^2}{2 \times 9.8} = 0.23 \text{ m}$

したがって、系全体の総損失水頭は $h_L = 2.21 + 0.23 = 2.44 \text{ m}$

与えられた落差に対する余剰水頭、$3 - 2.44 = 0.56$ m 分はバタフライ弁で絞ることとします。

配管サイズを 1 サイズ下げて、65A、Sch.40 としたらどうなるかを試してみます。計算の仕方は、80A の場合と同じなので、逐一の計算過程は省略しますが、必要流量時の流速 2.44 m/s、Re 数 $= 1.61 \times 10^5$、相対粗さ $= 0.0008$ となり、ムーディ線図より $f = 0.025$、$f_T = 0.019$、$\sum Le/D = 157$ で、直管とエルボ、バルブの損失水頭 $= 4.71$ m、管入口・出口の損失水頭 $= 0.45$ m で、総損失水頭 $= 5.16$ m となり、有効落差 3 m を越えてしまうので、65 A のサイズの採用は不可となります。80 A を採用し、必要あればバタフライ弁で必要流量になるように調節するものとします。

❷ 流量に対し、有効落差が大きすぎる場合の措置

流量に対して、落差が大きすぎる場合、標準流速から管サイズを仮定する

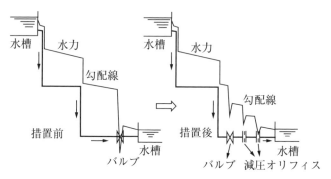

図3-17　落差（差圧）が大きいため流速が速すぎる場合の措置例

と、損失水頭が落差に比べ小さすぎることが起きます。このような状態で運転すると、損失水頭が落差に見合うまで管内流速が上り、振動、エロージョンなどの問題が起きる可能性があります。このような場合は、運転や寿命に悪影響のない範囲内で、管サイズを小さくすることにより、流速を上げ、損失水頭を増やし、与えられた落差に近づけます。それでも余る落差は、バルブで絞ることになるため、中間開度で流体を絞ることのできる、玉形弁やバタフライ弁などを選択します。バルブの差圧が大き過ぎて、バルブ下流でキャビテーション*などの不具合が予測される場合は、バルブ下流に1段、あるいは複数段の減圧オリフィスを入れ、損失水頭を分散して、圧力を落とすことを考慮します（図3-17）。絞り弁、減圧オリフィス、およびそれらの下流の配管材料については、耐エロージョン性のある材料を選択する必要があります。

　＊キャビテーション：流体の静圧が圧力損失により流体の飽和圧力より下ると多量の気泡を発生（この現象をフラッシュという）します。ポンプ内やバルブ下流で起こる気泡発生をキャビテーションといい、機器、配管に騒音、振動、エロージョンなどさまざまな障害を与えます。

〔文　献〕

1　「Flow of Fluids through Valves, Fittings, and Pipe」Crane 社（2009）
2　「Fluid Flow Handbook」Jamal Saleh 著、McGraw-Hill Professional 社
3　「基礎水理学」林 泰造著、鹿島出版会
4　「水力学」池森亀鶴著、コロナ社

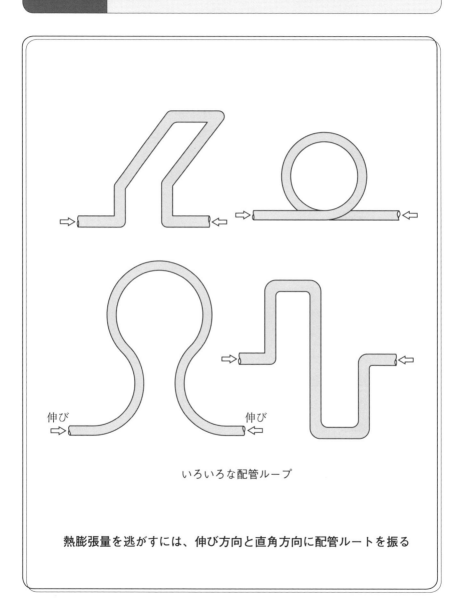

いろいろな配管ループ

熱膨張量を逃がすには、伸び方向と直角方向に配管ルートを振る

4.1 基礎のきそ

原理原則 二次応力の評価はひずみを応力に換算した弾性等価応力で評価

① 配管のたわみにより配管の伸びを逃がす

距離をおいた固定端に挟まれた配管の熱膨張による伸びは、配管がたわむことにより吸収されますが、たわむことで配管には応力（内力）が、固定点には**反力***が生じます。そのたわみは自然法則に従い、応力、反力が最小になるようなたわみ方をします。われわれはその自然法則を数式化し、それらをプログラミングしたコンピュータソフトにより、配管の応力、たわみ、反力を知ることができます。

> ***反力**：配管熱膨張により固定点に生じる力を、「配管が固定点に与える力」で表す場合と、その反作用としての「固定点が配管を押し返す力」で表す場合がありますが、ここでは反力をその両方の意味で使用します。図4-3、図4-8の固定点での黒の矢印の力の方向は、「配管が固定点に与える力」の方向を示しています。

両端固定の配管が一直線の場合、配管はたわむことがまったくできないので、伸びを逃がすことができず、過大な圧縮応力（あとで計算します）が生じます。

2つの固定端の間の配管は途中どんなルートをとったとしても、その一端をフリーにして熱膨張させたとき、その一端の伸びは、両固定端を結んだ直線の延長方向に一致します（**図4-1**参照）。そして、自由に伸びた他端に力と曲げモーメントを加え、元の固定位置まで、かつ元と同じ角度に、引き戻した状態は、両端固定で温度上昇したときの各部の応力、たわみ（ひずみ）と同じ状態

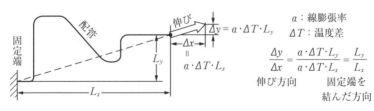

α：線膨張率
ΔT：温度差

$$\Delta y = \alpha \cdot \Delta T \cdot L_y$$

$$\frac{\Delta y}{\Delta x} = \frac{\alpha \cdot \Delta T \cdot L_y}{\alpha \cdot \Delta T \cdot L_x} = \frac{L_y}{L_x}$$

伸び方向　　　固定端を結んだ方向

図4-1　配管は固定端を結ぶ延長線上を伸びようとする

になります。

図4-2(a)のように両端の固定点間を直線の配管でつないだとします。

この配管が運転に入り温度上昇すると、管は熱膨張し、伸びようとしますが、両端が固定されているので、温度上昇による伸びは、管の弾性（ヤング率）を利用した管軸方向の圧縮によって吸収するしかありません（あるいは座屈による）。圧縮応力の大きさを計算すると、伸び量ΔL、運転温度と常温の温度差ΔT、鋼管の線膨張率a、鋼管直管長さL、とすると、

$$\Delta L = a \cdot \Delta T \cdot L \qquad\qquad （式4-1）$$

また、長さLの管をΔL縮めるときに生じる圧縮応力σは、ひずみε、ヤング率Eとすると、フックの法則より（ヤング率はばね定数のようなもの）、

$$\sigma = E \cdot \varepsilon = E(\Delta L / L) \qquad\qquad （式4-2）$$

（式4-1）と（式4-2）より、

$$\sigma = E \cdot a \cdot \Delta T \qquad\qquad （式4-3）$$

炭素鋼鋼管の場合、$E：2 \times 10^5$（MPa）、$a：11.8 \times 10^{-6}/K$（K：絶対温度、単位ケルビン）

したがって、$\sigma = 2.36 \Delta T$（MPa）

ΔTを100℃とすれば、$\sigma = 236$（MPa）$= 236$（N/mm^2）。これは、炭素鋼の

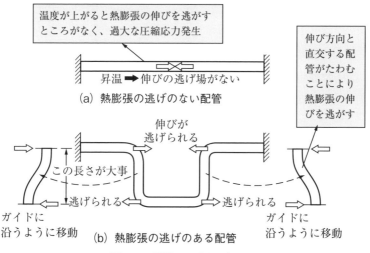

（a）熱膨張の逃げのない配管

（b）熱膨張の逃げのある配管

図4-2　配管フレキシビリティ

許容応力の2倍程度の高い応力となります。

固定端の反力 F は、$F = A\sigma$（A は管壁の断面積）で計算できるので、200 A、Sch40（壁断面積：$5.36 \times 10^3\,\mathrm{mm}^2$）の管では、$5.36 \times 236 \times 10^3 = 1.26 \times 10^6$（N）$= 1260$（kN）という非常に大きな力となります。

配管が熱膨張による伸びを逃がす要領を図 4-2(b)に示します。

伸びは、伸び方向と直交する成分の配管がたわむことにより逃がすことができます。その典型的なたわみ方は図 4-2(b)に示すように、伸びに対し直交する成分の管の両端がその直角度を保ったまま、水平に滑ることのできる仮想のガイドに沿って移動するようにたわみます。このようなたわみ方をする梁を「ガイドつき片持梁」あるいは「二重片持梁」と言います（6.5 節参照）。

配管のたわみやすさを「配管フレキシビリティ」と言います。

② 曲げ応力と反力

両端が固定された配管の熱膨張による伸びは、図 4-2(b)で示すように配管がたわむことにより逃がすことができますが、たわんだことにより、管や管継手に曲げ応力が発生し、固定端には、配管から力と曲げモーメントが作用します（図 4-3 参照）。この力と曲げモーメントが固定端の反力です。

熱膨張に対する機器を含む配管系の安全性は、(1)配管に生じる配管熱膨張による曲げ応力（曲げモーメントにより発生）が許容値内であること、(2)配管の接続機器ノズルを含む固定点における配管熱膨張による反力（力と曲げモーメント）が固定点の強度的な許容値以下であること、の2つです。

③ 配管熱膨張応力は二次応力

両端を固定された配管が運転により温度が上昇していく過程の、配管に生じ

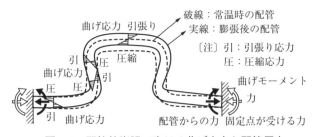

図4-3　配管熱膨張で生じる曲げ応力と配管反力

る応力を、縦軸に応力σ、横軸にひずみεをとった座標上にプロットした「応力‐ひずみ曲線」は、イメージ的に図4-4のようになります。

応力‐ひずみ曲線上を（σ、ε）が移動する過程は、熱膨張変位によって生じるひずみεが主導するので、応力σが主導する図2-1の一次応力の場合と、大きく異なります。この熱膨張による変位によって生じる応力を二次応力、あるいは変位応力と言います。

変位応力の挙動が一次応力と較べ、大きな差が出るのは、応力が降伏点を過ぎてからです。一次応力は、降伏点を越えた途端に、ひずみが、加工硬化により強度が高くなるところまで一気に増大、塑性変形してしまうのに対し、変位によって生じる二次応力は、図4-4のように、降伏点を越え、ひずみが塑性域に入っても、熱膨張によるひずみの増加分しかひずみは増えません。温度上昇が止んだところで、変位もひずみも止まります。これを「**自己平衡性がある**」と言います。

降伏点を越え、塑性域に入り、さらに進んで再び応力が増えだす「加工硬化域」に達するまでの間は、ほぼ降伏応力を維持します。応力ほぼ一定の範囲においても、ひずみの大きい方が破損に、より近い状態にあるのですが、応力が増えないので、応力で評価することができません。そこで降伏点を越えた変位応力として、「**弾性等価応力**」という概念を導入します。弾性等価応力は図4-4のように、変位応力が降伏点を越えても材料はなお弾性変形を継続すると

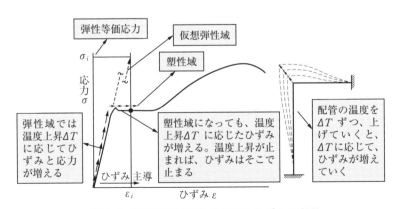

図4-4 配管熱膨張による応力とひずみの挙動

仮定した仮想の応力です。変位応力では、降伏点を越えた応力は、特にことわらなくてもすべて実際の応力ではなく、仮想的な弾性等価応力です。

4.2 熱膨張応力範囲

原理原則	二次応力では、繰り返さない降伏は許容できる

① 起動停止で起こる配管の低サイクル疲労

一次応力（負荷による応力）の場合、最初の運転で、使用材料の降伏応力より高い応力を受けた場合、破損することは十分あり得ますが、二次応力（変位応力）の場合は、降伏応力より高い応力を受けても、1回の変位で破損することは滅多にありません。

まずは、運転時温度の応力が弾性域内（運転温度の降伏点 S_{yh} 以下）の配管の場合を考えます。

注：この後出てくる、停止（常温）時の降伏点は S_{yc} とします。

プラントが起動し、配管温度の上昇につれ、両端拘束の配管がたわみにより曲げ応力を生じ、運転温度で図4-5(a)のように曲げ応力が S_E に達します。運転温度で運転した後、停止過程に入ると、温度の下降につれ、応力は低下し、応力0、ひずみ0の状態に戻ります。S_E は熱膨張応力です。図4-5(b)は時間を横軸にとった応力サイクルですが、起動停止ごとに応力は0と S_E の間を往

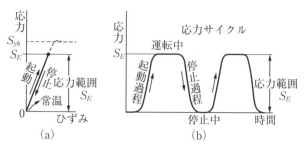

図4-5 熱膨張応力が運転温度の降伏点以下の場合

復するので、S_E は**熱膨張応力範囲**ともいいます。

図 4-5(b) の応力サイクルの図でわかるように、プラントが最初の起動・停止に引き続き、その後何度も起動・停止を繰り返すときの応力範囲の増域は、ものが振動したときの**応力振幅**のサイクルに似ています。振動する配管は疲労破壊しますが、配管の起動・停止による応力サイクルも非常に緩慢な振動現象ということができ、振動における応力両振幅にあたる熱膨張応力範囲がその許容値を越えると**疲労破壊**を起こします。

プラントは、石油工業用でも発電用でも一般にはいったん起動すると、経済性、需要ニーズ、安定性などの点から、停めずに長期に運転を続けます。仮に、起動から停止までのサイクルを 1 日 1 回行うとしても、プラント寿命 40 年の間に 1.5×10^4 回程度です。一方、配管振動のような機械振動の周波数は、あり得ないようなきわめてゆっくりした 1 hz（1 秒 1 回）の振動とした場合でも、40 年間で 1.3×10^9 にもなります。

破損するまでの回数が、10^5 以下の疲労破壊を**低サイクル疲労**、破損までの回数が 10^7 以上のものを**高サイクル疲労**といい、両者の性質に差があります。配管の熱膨張応力による疲労は低サイクル疲労に属します。

低サイクル疲労損傷による寿命は、高サイクル疲労における応力振幅と同じように応力範囲の大きさが関係しますが、高サイクル疲労は、応力振幅の他に、平均引張り応力（配管で、代表的なものは溶接後の残留応力です）が破損に影響するのに対し、低サイクル疲労では、平均引張り応力は疲労破壊に影響を与えないと言われています。

② 運転温度の応力 S_E が降伏点を越えるとどうなるか

図 4-5 は運転温度の応力 S_E が降伏点を越えない場合でしたが、次に S_E が降伏点を越えたときのサイクルを説明します。

❶ 運転温度の応力 S_E が S_{yh} を越え、$S_{yh}+S_{yc}$ 以下の場合

図 4-6 のように、運転温度が上昇し⑧で応力が S_{yh} を越えると降伏し、塑性変形して、最終の運転温度で©に達します。©の実際の熱膨張応力は S_{yh} ですが、変位応力の評価は、塑性域においても仮想的に弾性変形を©のひずみまで続けるとした、破線上の弾性等価応力 S_E を使います。

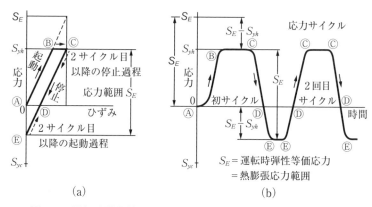

(a)   (b)

図4-6　運転時弾性等価応力S_EがS_{yh}を越え、$S_{yh}+S_{yc}$以下の場合

　Ⓒから停止過程に入ります。温度の降下にともない応力が下降し、Ⓓにおいて、応力は0になりますが、まだ弾性ひずみの一部が残っており、常温のⒺになって、ひずみが0になります。図4-6(a) からわかるように、Ⓒ〜Ⓔ間の応力範囲はⒸのひずみにおける弾性等価応力S_Eに等しくなります。したがって運転後、停止時のⒺの応力は、$(S_{yh}-S_E)$で、符号は運転時応力の符号と逆になります。

　2回目以降の運転の起動過程はⒺから始まり、1回目の停止過程を逆向きにたどり、運転温度でⒸになります。そして停止過程は、Ⓒから同じ過程をたどりⒺにもどります。以降これを繰り返します。起動停止の1サイクルごとに熱膨張応力範囲S_Eを1サイクル経過します（図4-6(b) 参照）。

　この条件の運転では、最初の起動時に一度だけⒷ⇒Ⓒで塑性変形しますが、それ以降はすべて弾性変形となります。この運転は継続して行って問題はありません。

❷ 運転温度の応力S_Eが$S_{yh}+S_{yc}$を越える場合

　この条件の場合、図4-7 に示すようにⒶからⒷを通過し、Ⓖで、弾性等価応力が$S_{yh}+S_{yc}$を越えて、Ⓒに達し、Ⓒから停止過程に入りますが、常温になる前に、ひずみを残した状態Ⓔで常温の降伏応力S_{yc}に達してしまい、さらに常温まで温度が下がる過程でS_{yc}を越え、もう一度塑性変形をしてひずみ0のⒻに達します。2回目以降の運転サイクルは、Ⓕ⇒Ⓖ⇒Ⓒ⇒Ⓓ⇒Ⓔ⇒Ⓕを繰り

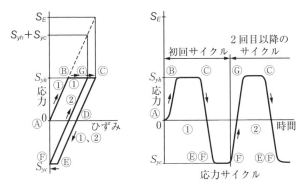

図4-7　運転応力S_Eが$S_{yh}+S_{yc}$を越える場合

返します。つまり、1サイクルにつき⑥⇒ⓒ、ⓔ⇒ⓕの2回の塑性変形を以後のサイクルごとに繰り返すことになり、塑性変形が際限なく進む、このような運転は許容されません。

③ 熱膨張許容応力範囲 S_A

4.2節②の❶、❷でわかるように、熱膨張応力範囲S_Eの理論的な許容値は$(S_{yh}+S_{yc})$となりますが、任意の温度の降伏点の値は一般になじみがなく実用的でないため、ASME（アメリカ機械学会）は、この許容値を誰でもが使える許容応力表の許容応力を使って表すようにし、さらに適切な安全係数をとって、許容値を$S_A = 1.25\,(S_h + S_c)$としました。ここに、S_hは運転温度における許容応力、S_cは停止時（常温）における許容応力です。

なお、配管には熱変位による応力（二次応力）の他に圧力や荷重による負荷応力（一次応力）が同時にかかるので、後者の分の許容応力としてS_hだけ別に確保しておく必要があり、許容値S_AからS_hを差し引きます。したがって、変位応力に対する熱膨張許容応力範囲S_Aは、$S_A = \{1.25(S_h + S_c) - S_h\} = 1.25\,S_c + 0.25\,S_h$となります。さらに上記の$S_A$に、運転サイクル数の増大にともなう許容値の減少を考慮した低減係数f（**繰返し応力範囲係数**といいます）を掛け、熱膨張応力範囲S_Eに対する**熱膨張許容応力範囲**S_Aを（式4-4）とします。

$$S_A = f(1.25\,S_c + 0.25\,S_h) \tag{式4-4}$$

fは、寿命中の運転サイクル数が7000以下の場合1.0、7000を超える場合、fは繰返しのサイクル数をNとして（式4-5）で与えられます（文献1）。

$$f = 6.0 \, N^{-0.2} \leq 1 \qquad\qquad (式\,4\text{-}5)$$

④ 配管フレキシビリティ概略判定式

ASME Piping Code（B31.1 および B31.3）は、単純な配管系*で、かつ注意を払って適用する場合**に限り次の概略の判断基準を与え、この（式4-6）を満足すればフレキシビリティ解析を必要としない、としています。

$$\frac{DY}{(L-U)^2} \leq 208000 \, \frac{S_A}{E_C} \qquad\qquad (式\,4\text{-}6)$$

ここに、D：管外径（mm）、Y：配管系により吸収されるべき両端間の合成変位量（mm）、L：配管の展開長さ（m）、U：固定端間の直線距離（m）、S_A：熱膨張許容応力範囲（kPa）、E_C：室温における管材のヤング率（kPa）

> * 単純な配管系とは、鉄系材料で管が均一サイズ、固定点は両端2箇所のみ、かつ寿命中のサイクル数7000以下のもの。苛酷な繰返し応力のかかる配管を除く。
> ** 注意を払って適用しなければならない対象配管は、特異な配管形状をしたもの、配管伸び方向と異なる方向の機器ノズルの移動があるもの、大径薄肉管、運転温度がクリープ域のものなど。

4.3 熱膨張反力とコールドスプリング

原理原則	熱膨張反力はコールドスプリングにより減らすことができる

① 熱膨張による反力

配管熱膨張が固定端に与える力の方向は、その一端の固定を外したと仮定したときの、管の延び方向と一致します。また配管が固定端に与える曲げモーメントは、固定端に対し、配管が熱膨張によりたわむ向きが曲げモーメントの向きとなります。図4-8は二次元の典型的な4つのパターンの配管が熱膨張により固定端に及ぼす力と曲げモーメントの方向を示します。フレキシビリティ解析をしなくとも、これらの方向は、拘束された配管が熱膨張したときに、どのようにたわむかをイメージすることにより、推測することができます。その推測結果と、フレキシビリティ解析結果の作用力の方向とを比較することによ

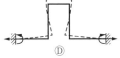

図4-8　熱膨張配管が固定端に及ぼす力とモーメントの方向の例

り、解析結果にエラーがないか、ある程度のチェックが可能です。

　フレキシビリティ解析ソフトで求められる、配管が熱膨張により生じる固定点での反力 R は、常温のヤング率を使って計算された熱膨張応力範囲 S_E を使い次のように計算されます。

　　$R = F \cdot S_E$

　ここに、F は反力 R を熱膨張応力範囲 S_E と関係づける複合的な係数で、コンピュータで計算されます。

　この R の大きさは、S_E が常温のヤング率を使って計算されているので100％コールドスプリング（次項②で説明）をとったときの常温時の反力 R_c の大きさに等しくなります。しかし R_c は運転時の反力と向きが逆方向なので、$R_c = -R$ となります。

② コールドスプリング

　運転温度における配管熱膨張を拘束することにより生じる、配管から機器ノズルに及ぼす荷重が、機器の許容反力を越える場合、配管ルートを変えずに荷重を低減する方法として、コールドスプリング（以下、略してC.Sと記す）があります。C.Sは"冷間時に生じる反力"というような意味で、熱間時に生じる反力の一部、またはすべてを冷間時、すなわち停止中の反力に肩代わりさせようとするものです。回転機械の振動問題は運転中（熱間時）に出やすいので、C.Sにより運転時反力を低く抑えることは意味のあることです。

　C.Sをとるには、どのようにするのか二次元の配管で説明します。

　図4-9(a) はC.Sをとっていない場合（$C=0$ と表す）の、配管製作時、配管据付時、運転時、おのおのの配管の様子を示しています。この配管の一端が固定されずに伸びた場合の、x、y 方向の量をおのおの Δx、Δy とします。

　「C.Sをとる」とは、配管製作時に配管の設計寸法より Δx、Δy、あるいはそ

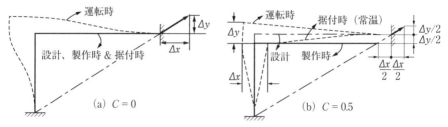

図4-9 $C = 0$、$C = 0.5$の場合の据付（常温）時と運転時のたわみ

の一部の量を短く製作し、配管据付時に短くした分を引張って機器ノズルに接続することを言います。

図4-9(b)は短くする量を、伸び量の50％である$\Delta x/2$、$\Delta y/2$とした$C = 0.5$（0.5はC.S 50％のこと）の場合を示しています。配管据付時に最終接合部の配管を$\Delta x/2$, $\Delta y/2$、引張って接合するので、常温時に配管には、$C = 0$の場合の運転温度で発生する応力、反力のほぼ半分（運転温度時と常温時のヤング率が異なるので、正確に1/2にならない）の、そして逆符号（たとえば、引張りに対し圧縮）の応力、反力が発生します。運転温度に達すると$\Delta x/2$、$\Delta y/2$の伸びを拘束するので、理論的には応力、反力ともに$C = 0$の場合の運転時の応力、反力の半分の、そして同符号の応力、反力を生じます。つまり、$C = 0.5$を採ることで、理論的には$C = 0$の場合の運転時の応力と反力を、ほぼ半分ずつ運転時と常温時に振り分けることになります。

C.Sをとって設計寸法より短く製作した配管を、最終接続部で引張り接続するとき、重要なことは配管の溶接開先面、またはフランジ当たり面を相手の面に完全に平行になるように引張り、接続することです。この引張り方は長年の経験と技術に培われた職人技をもって初めてなし得るものです。

図4-10は、運転・停止サイクル（降伏は起きないとする）における応力の推移を横軸にひずみ、および時間をとって、$C = 0$の場合を図(a)に、$C = 0.5$の場合を図(b)に示します。$C = 0.5$の場合の応力は図(b)で見るように、常温時応力は運転温度時応力と逆符合になっており、疲労破壊に影響する応力範囲は、$C = 0$の場合と変わらないことがわかります。

C.Sは反力と同時に応力の最大値を下げることはできますが、応力範囲は変

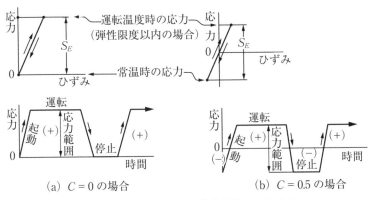

(a) $C = 0$ の場合　　　　　(b) $C = 0.5$ の場合

図4-10　C.S をとっても応力範囲は変わらない

わらないので、運転時反力の低減には役立ちますが、疲労寿命の改善には効果がありません。

運転時反力の低減に効果のある C.S ですが、C.S をとるには前述したように配管据付者の高い技量が必要で、理想的に所要の C.S. がとれていない場合のあることを想定し、運転時反力は $(1-C) R (E_h/E_c)$ となるところを、ASME B31.1、B31.3 では C.S の 2/3 を信用することとし、(式4-7) としています。

$$R_h = \{1 - (2/3)C\} R(E_h/E_c)　　　　　　　　　　　　　　　　（式4-7）$$

注：(式4-7) において (E_h/E_c) を掛けるのは、本節①項に記したように、R を計算するのに使った S_E は常温時のヤング率を使い計算しており、これを運転時反力に変換するためです。この比の逆数を含め、この後も数度出てきますが、常温時値を運転時値に、あるいはその逆の変換をするためです。

C.S は 100 ％信用できる場合もあり、その場合が常温時反力の最大値となるので、常温時は C.S を 100 ％信用した、(式4-8) としています（非クリープ温度域の場合）。

$$R_c = - C \cdot R　　　　　　　　　　　　　　　　　　　　　　（式4-8）$$

運転温度が応力緩和を起こすクリープ温度域の場合、最初の起動時の運転時応力は $(E_h/E_c)S_E$ ですが、運転時間の経過とともに応力緩和限界 S_r まで下がります。しかし、運転時反力 R_h は最初の起動時の反力が最大となり、この大きさが機器に決定的影響を与えるので、R_h は (式4-7) と同じになります。

一方、停止時反力 R_c は、**図4-11** で導くように、

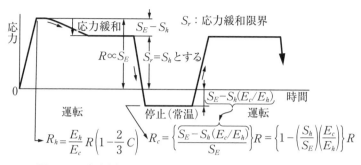

図4-11　応力緩和があるときの応力と反力の関係を示す

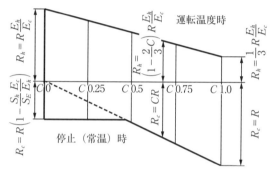

図4-12　C.Sと運転時および停止時の反力

応力緩和域の $R_c = - \{1 - (S_h/S_E)(E_c/E_h)\} R$ 　　　　　　　　（式 4-9）

または、$R_c = - C \cdot R$ 　　　　　　　　　　　　　　　　　（式 4-10）

の大きい方を取ります。（式 4-9）の分子の S_h は本来、応力緩和限界 S_r となるところですが、各種材料の S_r は公表されていないので、S_r の代わりに許容応力 S_h を代用するものです。許容応力表の S_h は $S_r > S_h$ となるように決められている（文献2）ので（式 4-9）からわかるように、停止時反力 R_c は苛酷側（実際より大きく出る）になります。なお、（式 4-7〜式 4-10）は x、y、z 方向の C.S 量が均一の場合のみ使えます。これらの式を目視化すると図 4-12 になります。

〔文　献〕

1 「Pipe Stress Engineering」Liang-Chuan（L.C.）Peng、Tsen Loong（ALVIN）Peng 著、ASME PRESS

2 「Transaction of the ASME」Markle A.R.C. 著 127〜149 頁（1955）

第5章 配管振動と疲労

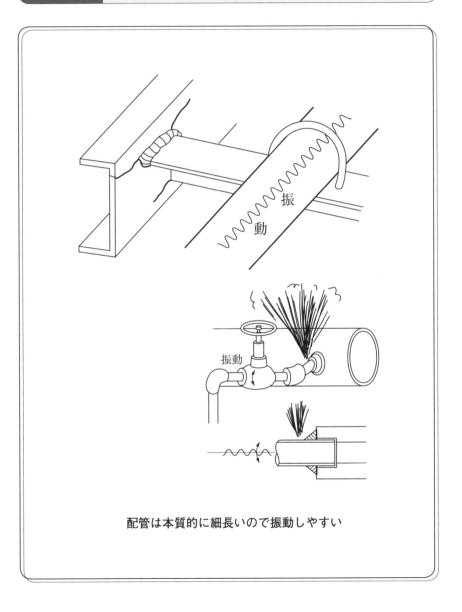

振動

振動

配管は本質的に細長いので振動しやすい

5.1 基礎のきそ

原理原則 励振源の存在しない振動もある

① 配管は振動しやすい

　配管は管の軸方向にきわめて細長く、サポートによる固定間距離が管径の20倍から80倍ぐらいもあり、軸直角方向の剛性が非常に小さい。したがって、配管は軸直角方向に振動しやすい性質があります。配管が固定端の間で、管軸直角方向に振れる振動は、管に曲げをともなうので「梁の曲げ振動」と言います（管も梁の一種）。この配管の小さい剛性は、運転時の温度上昇によって生じる熱膨張応力や反力を抑制する点では有利に働きます。

② 機械的振動と圧力波

　配管の振動で主に問題になるのは、配管の構成要素に繰り返しの応力が作用することにより疲労破壊することです。配管の疲労破壊の原因となるのは主に、たわみにより生じる**曲げ振動**（図5-1(a)）ですが、振動が特に高周波の場合は、円筒の壁の**周方向振動**（図5-1(b)）が問題になります。

　配管で見られるもう1つの別の振動現象は、流体中の**圧力脈動**という周期的な**圧力波**で、配管内流体中を音速で伝播します。圧力波は、圧力が配管の壁を押す力、推力を周期的に変化させ、配管に機械的な振動を引き起こします。

③ 励振源と強制振動、共振・共鳴

　配管系で起きる振動の多くは、その振動をひき起こす振動の源、**励振源**があります。励振源には、当該配管の外部（たとえば、ポンプや他の近くの配管の機械的振動）から伝播してくるものと、たとえばポンプ、圧縮機などから出る圧力脈動、気体と液体の二相流体など、当該配管の流体自身が振動成分を持っているものがあります。

　励振源の振動数と、配管の**固有振動数***が離れているとき、配管は励振源の振動数で振動します。これが**強制振動**です。

　励振源の振動数と配管の固有振動数が一致する場合、あるいは近い場合、

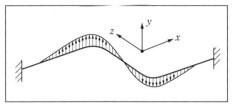

(a) 配管の曲げ振動

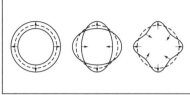

(b) 管の壁の振動

図5-1 配管の機械的振動

配管は固有振動数で大きく振れます。これを**共振**といい、一般に振幅が非常に大きくなるので、運転中に起きないようにすることが大切です。

＊**固有振動数**：その物体がもっとも振れやすい振動数で、物体に衝撃を与えたときに現れる振動数です。

圧力波にも共振があります。波の波長と管の両端間の長さがある関係になると、管内に**定在波**という、波の進行が停まり、振幅の大きな波が表れます。これが**気柱共振**、音波の場合は**共鳴**という圧力波の共振です（5.2節参照）。

④ 流体励起振動と自励振動

配管系に振動成分を持つ励振源が存在しないにも関わらず、流体がある配管系を通過するとき、流体のエネルギーを糧にして、特有の振動成分を生成する2種類の振動現象があります。

1つは系で生成する振動成分が、その系の固有振動数と関係ない場合で、代表的な例は**カルマンの渦**です。この種の振動を**流体励起振動**と呼びます。もう1つは、系で生成される振動成分が系の固有振動によって造られるもので、生成される振動数は必ず系の固有振動数と一致します。この種の振動を**自励振動**と言います（この2つの区分が曖昧な場合もあるようです）。

5.2 曲げ振動と圧力脈動

原理原則	圧力脈動が周期的に壁を押すことにより配管が揺れる

① 配管の曲げ振動

配管そのものが振動する機械的な振動には、管の曲げ振動と管の壁の周方向振動があります。

後者の**壁の周方向振動**（図5-1(b)）は高周波の微振動で、薄肉大径管において、管の壁の剛性が小さかったり、あるいは流体のエネルギーが非常に大きい場合などに起きます。その中の同心モード（図(b)の左端）の振動は圧力脈動によっても起こります。

管の曲げ振動（図5-1(a)）は、配管の中心軸（長手軸）がその直角方向に振動をするもので、**図5-2**は、両端を単純支持された配管の中心軸が2次の固有振動数で自由振動している様子を示しています。

断面が一様な梁のある箇所をたたいたときの、梁の固有振動数は、分布荷重の梁の運動方程式を解くことにより、次の式で計算できます。

$$f_n = \frac{\lambda_n^{\,2}}{2\pi L^2}\sqrt{\frac{EI}{\rho A}} \tag{式 5-1}$$

ここに、f_n（Hz）：n次の固有振動数、E（MPa）：ヤング率、I（m^4）：断面2次モーメント、L（m）：支持点間の梁長さ、ρ（kg/m^3）：梁の密度、A（m^2）：梁の断面積、λ_n：無次元の定数で、両端単純支持の場合$n\pi$、n：振動次数。

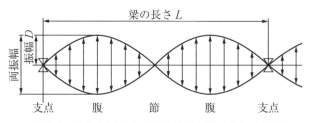

図5-2 梁の曲げ振動（長手に対し直角方向の振動）

　固有振動数は振動数の小さい方から、1次、2次のように呼びます。次数は無数にありますが、一般に出やすいのは1次、2次などの低次のものです。

　振動数を f（Hz/sec）、振幅を D とすると、その箇所の振動速度と振動加速度は次のようになります。

　　振動速度 $V : 2\pi f D$（mm/sec）

　　振動加速度 $a : (2\pi f)^2 D$（mm/sec²）　　　　　　　　　　（式 5-2）

　なお、振動数 f の逆数 $1/f$ は周期と呼ばれ、1回の振動に要する時間（s）を意味します。

② 圧力波の振動

❶ 圧力波は粗密波

　圧力波の振動である圧力脈動は、配管内流体に生じる周期的な圧力変動で、**進行波**として、流体中を流体の音速で伝播し、管の端部（開口端、または閉止端）に達すると反射し、**後退波**として引き返します。以後、管の両端で反射を繰り返し、その過程で減衰し、やがて消滅します。管内の波の振幅はすべての進行波とすべての後退波の振幅を合成したものとなります。流体の方は圧力波とは独立して、流速で流れています。

　圧力波は、圧力変動を受けた流体の部分が隣接の流体部分に圧力変動を順次伝えていくので、縦方向に圧力伝播を行う**縦波**です。また圧力波は粗（圧力低）と密（圧力高）の流体密度を伝播していくので、**粗密波**とも呼ばれます。その様子は、**図5-3**に示すように、長いコイルばねの一端を縦方向に周期的に伸縮させると、コイルの粗密が縦方向に伝わります（音速にはならない）が、このイメージに近いものです。図5-3(a)(b)のような粗密波の表し方は工学的ではないので、同図(c)(d)のように横波の形で表現します。

　横波による表現に、図に示すように、粗密波の変位で表す場合（c）と、圧力で表す場合（d）がありますが、本項では後者の方で表します。

　圧力の周期的変化は、ポンプや圧縮機の羽根車の回転やピストンの往復動により発生する圧力脈動と、人工的な動きの関与なしに、流体エネルギーと流路の形状・寸法などにより、創り出される圧力波とがあります。

　図5-4のように、圧力脈動の波の特性を表すものとして、波の**振幅**D の他

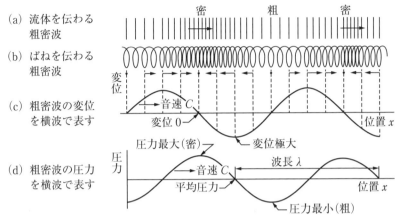

(a) 流体を伝わる
　　粗密波

(b) ばねを伝わる
　　粗密波

(c) 粗密波の変位
　　を横波で表す

(d) 粗密波の圧力
　　を横波で表す

図5-3　粗密波（縦波）の変位と圧力を横波で表す

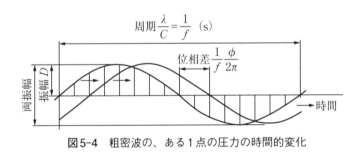

図5-4　粗密波の、ある1点の圧力の時間的変化

に、**振動数** f（Hz）、波の**波長** λ（m）、波の**伝播速度** C（m/s）流体中の音速）、波の**周期** $\lambda/C = 1/f$（s）、波の**位相差** ϕ（ラジアン）（同じ周波数の異なる波が存在するとき）があります。

❷ **圧力脈動で機械的振動が起こるしくみ**

　圧力脈動が配管に振動を起こさせるのは、**図5-5** のように、周期的に変化する圧力波の圧力の山が左端のエルボの壁に、圧力の谷が右端のエルボの壁にかかるような波長 λ とエルボ間の長さ L の関係があるときです。このとき、左端のエルボを圧力が左へ押す力は最大の F_1 となり、右端のエルボを圧力が右へ押す力は最小の F_2 のとなり、その合力（左方向へ $F_1 - F_2$）は最大となり

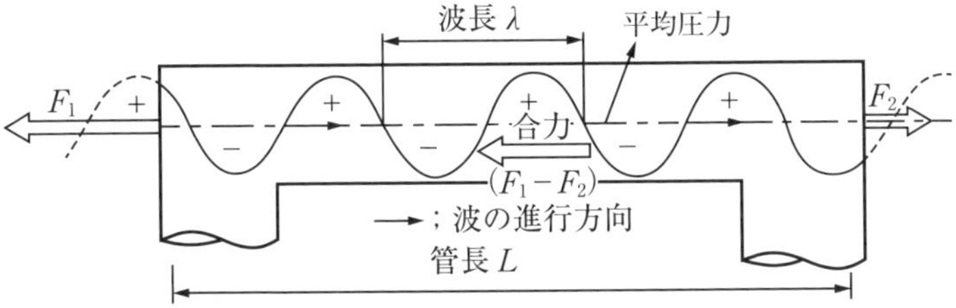

図5-5　圧力波が管に振動を起こさせる様子

①位相変わらず
平均圧力
②鏡対照
進行波
後退波
閉止端

②開口端に対し
鏡対照
①位相反転
進行波
後退波
開口端（自由端）

（a）閉止端で進行波の圧力に等し　　（b）開口端で合成波が平均圧（＝外圧）
　　い圧力の後退波ができる　　　　　　になるような後退波ができる

図5-6　管端部で進行波の反射の仕方

ます。$\lambda/2C$ 秒後には右方向へ押す同じ大きさの合力が発生します。この左右に繰り返す合力が起振力となり配管は振動を起こします。図5-5のように両端にエルボのある直管の場合、**管有効長さ L と波の波長 λ の間に $L = n\lambda/2$（n は整数）の関係があると、上記のような交番の起振力が発生し、管が圧力波により振動する可能性があります。

❸ 圧力波の端部での反射の仕方

圧力波の管端部における反射の仕方を**図5-6**に示します。**閉止端**で反射して返る後退波（図5-6(a)）は、進行波を境界（閉止端）の先まで延長した波を、境界に対し鏡対照にした波となります。開口端で反射して返る後退波（図5-6(b)）は、進行波を境界（すなわち、開口端）の先まで延長した波の位相を反転した後、境界に対し鏡対照にした波となります。

　＊開口端の後退波は、進行波と位相を反転した波になることにより、合成波の圧力は
　　平均圧力、すなわち境界外部の圧力に等しくなります。

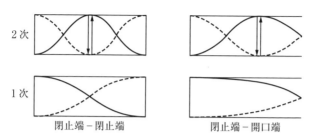

2次

1次

閉止端－閉止端　　　　　閉止端－開口端

図5-7　閉止端-閉止端、閉止端-開口端の管の気柱共振モード

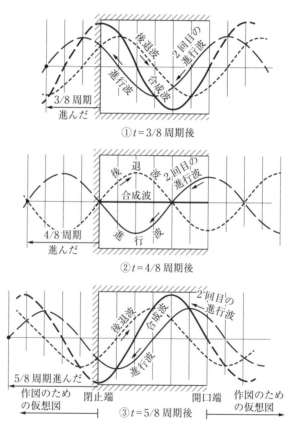

①t＝3/8 周期後

②t＝4/8 周期後

③t＝5/8 周期後

図5-8　閉止-開口端の管の進行波後退波との合成波の生成過程

❹ 気柱共振

波の波長 λ と管の有効長さ L が（式 5-3）の関係にあるとき、図 5-6 に示す閉止端、開口端での波の反射による進行波と後退波の合成で図 5-7 に示すような、波形が進行せずにその場に留まり、増幅した振幅のみが変化する**定常波**（**定在波**ともいう）を形成、気柱共振が起こります。

$$\lambda = \frac{2L}{a_n} \qquad\qquad\qquad （式 5-3）$$

ここに、a_n は n を整数として、

両端が開口、または両端が閉止の場合：

$a_n = n = 1、2、3、\cdots$

一端が開口、一端が閉止の場合：

$a_n = n - 1/2 = 1/2、3/2、5/2、\cdots$

図 5-8 は気柱共振の起こる条件下で、管端部の反射により、定常波が形成される過程を示しています。進行波と後退波を合成した波の波形は進行せず留まり、波の振幅は増幅します。

図 5-8 は波長 $\lambda = (3/4)L$（L は管の有効長さ）の進行波が、管右端の開口端から入り、左端の閉止端で反射、その後退波が、右端の開口部で 2 回目の反射をするところまでを画いています。なお、後退波は伝播にともなうエネルギー損失により、進行波より振幅が小さくなります。管端部での反射はその後も繰り返されますが、反射ごとに減衰していきます。

5.3 配管振動に対処する

原理原則	振動が起きたら励振源をつきとめる

① 配管レイアウト計画時における振動対策

配管振動を抑制するために、設計段階でなすべきこととして、過去に経験した振動トラブル事例を知識化*したものに基づき、たとえば次のように振動対

策を考えます。

*知識化：過去に起きた個々の事象（たとえばトラブル事例）を、分類、法則化などして、将来起こる事象に活用できるようにすること。

当該配管ラインは：

⑴ 当該ラインと類似の配管に過去において対処を必要とするような振動が出たことがあるか。

⑵ 振動が出たことがある場合、その振動を根源的に抑止する方法があるか。

⑶ 方法がある場合、その方法を適用すべく、必要な調査・解析・試験などを行い、それらの結果に基づき、当該配管系の仕様を決定し、ルート並びにサポートの設計を行う。

⑷ 特に有効な方法がない場合、振動が実際に出たときに備えて、振動に対し、効率よくかつ比較的容易な対処療法がとれるような算段を前もって設計に反映しておく。たとえば、振動が出た場合、振動振幅が大きくなりそうなところ、サポートのとりやすいところに、サポートをとるための埋め込み金物の設置を指示することなど。

② 運転後に発生した配管振動に対処する

運転に入ってから、対処を必要とする振動が発生した場合の、対処の仕方の1つの例を**表 5-1** に示しますが、その主な流れは次のようになります。

⑴ 励振源を探し出し、その振動数を把握すること。

⑵ 配管の振動測定を行い、振動数などのデータを得ること。

⑶ それらを踏まえ、その振動が強制振動か共振かを見きわめること。

⑷ 圧力脈動が励振源になっているときは、気柱共振をしてないか見きわめること。

⑸ 励振源が見あたらないときは、自励振動や流体関連振動の可能性も検討する。

実際に起きた配管振動を評価する際、どの程度のレベルの振動まで許容できるかは、ケースバイケースでしょうが、**図 5-9** は配管振動の評価基準の1つで、1970 年代に米国の SwRI（Southwest Research Institute）が作成した往

表5-1 配管振動に対処する

配管振動発生	考えられる励振源がある場合	励振源（配管振動数と同じ振動数を発する何か）を探しても励振源の見当がつかない場合
まず、強制振動か共振（含む自励振動）か見きわめる	Ⓑ加速度ピックアップを使用し、振動計測を行い実際の管の振動数、加速度を測定	
Ⓐ励振源の振動数（機械的振動または圧力脈動）を理論値と実測により特定	ⒶとⒷの振動数がほぼ一致した場合は、Ⓐが励振源と考えられる	自励振動（共振のみ）か流体励起振動（強制、共振のいずれか）の可能性を疑う
Ⓒ固有値解析を行い、低次の固有振動数を算出	ⒶまたはⒷとⒸの低次のいずれかが一致、または近い場合は共振の可能性、そうでない場合は強制振動の可能性	自励振動の場合：〔例〕微開のパラボリック形弁（すき間流れ）、全開近くのバタフライ弁、など ／ 流体励起振動の場合：〔例〕温度計用ウェル。熱交換器等のチューブ群、ガイドベーン、ベローズ、キャビティ、など
Ⓓ励振源が圧力脈動の場合は、気柱固有振動数を計算	ⒶまたはⒷとⒹが離れている場合、圧力振幅増大の心配なし ／ ⒶまたはⒷとⒹが一致するか近い場合、気柱共振による圧力振幅が増大している可能性	

対 策

| 気柱共振の場合：
• 配管の気柱有効長さの変更、オリフィスの設置、サイドブランチ、サージドラムなど
• 励振源の振動数を変えられないか | 強制振動の場合：
• 励振源の振幅を小さくする算段を講ずる
• 熱移動量の少ない箇所などに、ばね式防振器やレストレイントを設け、配管の剛性を高める
共振の場合：
• 離調することが不可欠
• 配管の固有振動数を上げて離調する⇒拘束箇所の追加
• 励振源の振動数を変えられないか | 自励振動の場合：
• 自励振動の起きない形状
• 励振源部分の減衰率の増加および剛性の増加 | 流体励起振動の場合：
• 共振をしない形状に変更
• 剛性を高める |

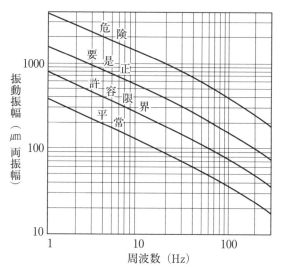

図5-9　SwRIの配管振動 判定基準

復動圧縮機・ポンプの配管振動評価基準です。

　この評価基準は、横軸に周波数を、縦軸に発生した振動両振幅の測定結果をとっていて、図中の4本の曲線により、4つの評価が示されています。記入されている文字の"平常"は通常に存在する振動、"許容限界"は、この状態のままで許される振動、"要是正"は、振動対策をとる必要がある振動、"危険"は、危険であるから、運転の即停止が必要な振動を意味しています。

5.4 振動は金属疲労を引き起こす

原理原則 | 高サイクル疲労に対しては平均応力を低く抑えることも大切

① 金属疲労とはなにか

金属疲労が起こるメカニズムのポイントを説明します。

　材料が振動すると、金属粒子と金属粒子の境界（これを結晶粒界と言います）に微小なずれ、あるいは滑りが生じます。一般に機械的振動は振動がたと

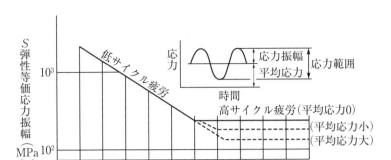

図5-10 低サイクル疲労と高サイクル疲労

え10 Hzの振動でも1年間には$3.2×10^8$回の振動をします。この滑りが蓄積されることにより、微細な割れに発展し、振動の継続でさらに生長して、遂には壁を貫通し、漏洩そして破断にまで進むことがあります。

割れの進む時間的速さは振動振幅の大きい方が、そして毎秒振動数の多い方が速くなります。疲労破壊するかしないかは振動振幅と破壊するまでの累計振動数で分かれます。その関係は図5-10のいわゆるS-N曲線で表されます。

② S-N 曲線

S-N曲線は、弾性等価応力振幅S（4.1節 ③参照）を縦軸、破壊するまでの累計繰返し（サイクル）数Nを横軸に、両対数目盛でとった座標上に、1本の曲線、あるいは途中で交わる2本の直線で描かれます。この線より上は疲労破壊する範囲、下は疲労破壊しない範囲で、線はその境界を示しています。この実線は、材料により、その高さの位置などが異なりますが、鉄鋼材料であれば、下り勾配の線がサイクル数、10^7あたりで水平になるという共通点があります。この水平になった応力振幅より小さい振幅では、サイクル数が10^7回を越えても疲労破壊しないので、水平になった応力振幅を、疲労しない限界という意味で**疲労限度**（あるいは**疲労限**）と言います。

金属疲労においては、10^7以上の累計サイクル数による疲労破壊を**高サイクル疲労**、10^4または10^5以下の累計サイクル数による疲労破壊を、**低サイクル疲労**と呼びます。高サイクル疲労により破壊しない応力が疲労限度（安全係数

を含んでいない）です。

　低サイクル疲労による破壊の下り勾配の線は、次式で表されます。

$$SN^m = C$$

　ここにS：応力範囲（応力振幅の2倍）、N：破損までのサイクル数、m：両対数座標における直線の勾配、C：一定値で、$N=1$のときの弾性等価破壊応力です。mの値は、通常の配管コンポーネントに対し0.2、ステンレス鋼製伸縮管継手用ベローズに対しては0.25です（文献1参照）。

　低サイクル疲労の特徴は、降伏点を越えることもあるような比較的高い等価応力で破壊されます。溶接後の残留応力のような平均応力は低サイクル疲労の寿命に関係しません。プラント配管における熱膨張応力のサイクル数は、プラント寿命中の起動停止のサイクル数が一般には10^5回以下と考えられるので、低サイクル疲労の範疇（はんちゅう）になります。

　通常の配管振動は**高サイクル疲労**となります。高サイクル疲労の場合は平均応力があると、疲労限度が下がる性質があります。図5-10の破線でそれを示しています。平均応力が高いほど、疲労限度が下がります。したがって、配管振動による疲労破壊を抑止するため、溶接部を熱応力除去することは効果があります。

③ 修正グッドマンズ線図

　高サイクル疲労に対する評価方法として、修正グッドマン線図（**図5-11**）があります。S-N曲線は一般に平均応力0の条件で示されています。しかし、実際の振動では、振幅のある振動応力の他に溶接部の残留応力のような一定の

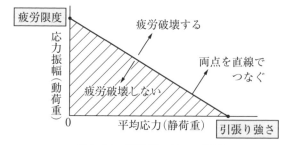

図5-11　修正グッドマン線図

平均応力が負荷された状態にあります。図5-11は、振動応力と平均応力が組み合わさった場合の評価方法です。

　縦軸は応力振幅、横軸は平均応力です（両軸共に通常目盛りです）。平均応力0のとき、応力振幅は当該材料の疲労限度までは壊れません。また、応力振幅0の場合（振動がない場合）は当該材料の引張り強さまで壊れません。この2点を結んだ直線が、疲労破壊するかしないかの境界線となります。これが修正グッドマン線図（図5-11）です。実際の運用にあたっては適切な安全係数をとって、疲労破壊しない領域とします。

　オリジナルのグッドマン線図（単にグッドマン線図と呼ぶ）は、横軸に真破断応力（破断強さ/破断面積）をとったものですが、この値は引張り強さより、若干大きくなるので、評価が修正グッドマン線図より緩くなります。

④ 疲労破壊は形状の不連続部で起きやすい

　疲労破壊の割れの起点は部材表面の形状不連続部で多く起きます。したがって、疲労破壊の対策は滑らか形状にすることです。すみ肉溶接よりは突き合わせ溶接、すみ肉溶接止端部をグラインダで滑らかに仕上げる、コーナ部は十分なR（ラウンド）をつける、表面の傷、特に線形の傷は除去する、などの注意が必要です。また、溶接時の残留応力があると疲労限度が低下するので、応力除去焼きなまし（溶接後熱処理ともいう）により残留応力除去をすることも対策の1つです。

〔文　献〕

1 「PIPE STRESS ENGINERING」LIANG-CHUAN（L.C.）PENG、TSENLOONG（ALVIN）PENG 著、ASME PRESS

支持方法と荷重	曲げモーメント図と 最大曲げモーメント	最大たわみ量
W, l	$-Wl$	$-\dfrac{Wl^3}{3EI}$
w, l	$-\dfrac{wl^2}{2}$	$-\dfrac{wl^4}{8EI}$
l_1, W, l_2, l	$\dfrac{Wl_1l_2}{l}$	$\dfrac{Wl_2\left(l^2-l_2^2\right)^{1.5}}{9\sqrt{3}EIl}$
w, l	$\dfrac{wl^2}{8}$	$\dfrac{5wl^4}{384EI}$
l_1, W, l_2, l	$-\dfrac{Wl_1l_2^2}{l^2}$　$\dfrac{2Wl_1^2l_2}{l^3}$　$-\dfrac{Wl_1^2l_2}{l^2}$	$\dfrac{-2Wl_1^2l_2^3}{3EI\left(l_1+3l_2\right)^2}$
w, l	$-\dfrac{wl^2}{12}$　$\dfrac{wl^2}{24}$　$-\dfrac{wl^2}{12}$	$-\dfrac{wl^4}{384EI}$

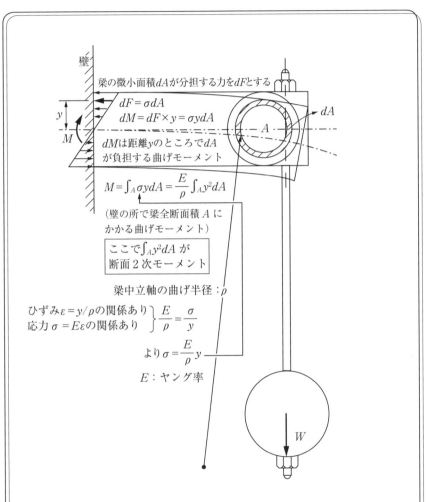

梁の微小面積dAが分担する力をdFとする

$$dF = \sigma dA$$
$$dM = dF \times y = \sigma y dA$$

dMは距離yのところでdAが負担する曲げモーメント

$$M = \int_A \sigma y dA = \frac{E}{\rho} \int_A y^2 dA$$

（壁の所で梁全断面積 A にかかる曲げモーメント）

ここで$\int_A y^2 dA$ が
断面2次モーメント

梁中立軸の曲げ半径：ρ

ひずみ$\varepsilon = y/\rho$の関係あり
応力 $\sigma = E\varepsilon$の関係あり $\left. \right\}$ $\dfrac{E}{\rho} = \dfrac{\sigma}{y}$

より$\sigma = \dfrac{E}{\rho}y$

E：ヤング率

断面2次モーメントは、
微小断面積×（モーメントアーム）^{2}を全断面積にわたり積分したもの

6.1 基礎のきそ

原理原則	梁の曲げ応力を減らすには断面2次モーメントを大きくする

① 荷重を合力、分力で表す

本章では、外から静的な荷重、すなわち外力を受ける配管やその支持構造物の強度評価を扱います。

荷重は、与えられた課題に応じて、2つの方向の荷重を分解して分力としたり、逆に、2つの方向の荷重を合成して合力としたりする必要が生じることがあります。これらを行うには、力の大きさと方向を矢印（→）の長さと方向で表すベクトルを使用します。

荷重を分力に分解：荷重を分解した、求める2方向の分力は、荷重のベクトルを対角線とし、求める分力の2方向のベクトルを2辺とする平行四辺形を作れば、平行四辺形の2辺が各分力のベクトルとなります。あるいは、荷重のベクトルを1辺とし、求める分力の2方向のベクトルを他の2辺とする閉じた三角形を作れば、他の2辺が各分力のベクトルとなります（図6-1(a)参照）。

複数の荷重を合力に合成：2つ以上の力が1つの点に働くとき、その点が受ける合力は、2つの力のベクトルを2辺とする平行四辺形を画き、その対角線が合力のベクトルとなります（図6-1(b)参照）。

図6-2は運転中のスイング逆止弁（9.6節参照）の弁体に掛かる2つの荷

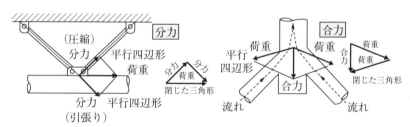

(a) 管にかかる軸力の分力　　　(b) 流れの運動量変化による荷重の合力

図6-1　分力と合力

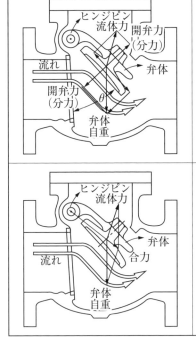

	(a) 弁体に働く分力
	弁体の任意の開度（θ）で、流体力の分力である開弁力と、弁体重量の分力である閉弁力を比較する。開弁力＞閉弁力 で、弁体は開方向へ動き、開弁力＜閉弁力 で、弁体は閉方向へ動き、開弁力＝閉弁力 では、弁体は理論的には中途で静止する（左図）。通常運転で弁が全開位置を維持するには、運転時流量において開弁力＞閉弁力である必要がある。このようにして弁体の安定性を評価できる。
	(b) 弁体に働く合力
	弁体で流れ方向が曲げられることにより運動量が変化し、弁体に流体力が生れ、ヒンジピン回りに開モーメントが生じる。一方、弁体重量により、ヒンジピン回りに閉モーメントが生じる。弁体がシートやストッパに当たらず、中間開度で静止しているときは、開モーメント＝閉モーメントが成立する。弁体が中間開度で静止しているとき、合力のベクトルの延長線上にヒンジピンがあり、合力はヒンジピンが受ける。

図6-2　スイング逆止弁に働く力を分力と合力で表す

重、流体力と弁体自重の分力、合力を示しています。弁体が流体から受ける流体力は、弁体で流体の流れ方向が曲げられることにより運動量が変化することで生まれ、弁体に働くもう１つの力は、弁体自重で垂直下向きに働きます。

　図6-2(a)は、流体力の分力としての開弁力、弁体自重の分力としての閉弁力を示したものです。分力は、流体力を対角線とする平行四辺形（このケースでは矩形）をつくることにより、閉弁力を作画します。この図の場合は、開弁力≒閉弁力 の状態で、弁体が中間開度で揺動している状態を示しています。

　図6-2(b)は、弁体開度が図6-2(a)と同じ状態における流体力と弁体自重の合力を示しています。中間開度の弁体が流体から受ける力と弁体の自重との合力が弁体アームを介してヒンジピンに掛かります。合力は流体力と弁体自重のベクトルを２辺とする平行四辺形を作り、その対角線が合力となります。

② 図心と重心

図心とは、ある閉じた図形の面積の中心位置を指しますが、面積当たりの重量が均一の場合は、**重心位置**と一致します。しかし図心と重心は異なる概念で、図心は断面 2 次モーメントと関わりがあります。

図心を通る直線を**中立軸**と言います。

面積の図心、配管スプールの重心の求め方を説明します。

❶ 面積の図心を求める方法

図 6-3 のように、図形の任意の位置に直交する x-y 座標を設け、微小面積 dA の位置を (x,y) とし、図形の面積を A（既知）、求める図心の位置を $(L_x、L_y)$ とすると、図心位置は、

$$A \times L_x = \int_A x dA \qquad \therefore L_x = (\int_A x dA)/A \qquad (式 6\text{-}1a)$$

$$A \times L_y = \int_A y dA \qquad \therefore L_y = (\int_A y dA)/A \qquad (式 6\text{-}1b)$$

により求めることができます。この $A \times L_x$ あるいは $\int_A x dA$ は言葉で書くと（面積×ある軸からの距離）となりますが、このような場合の（ある軸からの距離）は力学では**モーメントアーム**と呼ばれるので、（断面積×モーメントアーム）となり、**断面 1 次モーメント**と呼ばれます。

（式 6-1a）、（式 6-1b）で、$L_x = 0$ あるいは $L_y = 0$ は、この図形の座標軸が中立軸であることを意味します。すなわち、中立軸においては、

$$\int_A x dA = 0 \qquad (式 6\text{-}2a)$$

$$\int_A y dA = 0 \qquad (式 6\text{-}2b)$$

となります。（式 6-2a）、（式 6-2b）は、「中立軸まわりの断面 1 次モーメントは 0 である」と言い換えることができます。

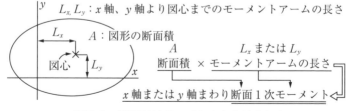

y　L_x, L_y：x 軸、y 軸より図心までのモーメントアームの長さ

A：図形の断面積

図心　L_y　x

A　　L_x または L_y

断面積　×　モーメントアームの長さ

x 軸または y 軸まわり断面 1 次モーメント

図6-3 「断面 1 次モーメント」とはなにか

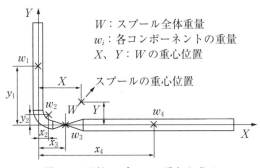

図6-4　配管スプールの重心を求める

❷ 配管スプールの重心を求める方法

図6-4に示すような配管スプールの重心の位置 (X,Y) を求めます。

重心位置 (X,Y) は、(式6-1a)、(式6-1b) に準じた、(式6-3a)、(式6-3b) により求めることができます。記号は図6-4参照。

$$W \times X = \sum_i w_i \times x_i \qquad \therefore X = \sum_i w_i \times x_i / W \qquad \text{(式 6-3a)}$$

$$W \times Y = \sum_i w_i \times y_i \qquad \therefore Y = \sum_i w_i \times y_i / W \qquad \text{(式 6-3b)}$$

③ 断面2次モーメントとは

断面1次モーメントは、前述のように図心に関連したものですが、「断面2次モーメント」は、梁や管などの曲げ荷重に対する、寸法面からの曲げ強さを表しています。それは図6-5に示すように、[梁断面の微小面積×(中立軸から微小面積までのモーメントアーム) の2乗] を梁の全断面にわたり積分したものなので、「断面2次モーメント」と呼ばれます。2次は2乗の意味です。

断面2次モーメントは通常、記号 I で表し、ヤング率 E を掛けた EI を**曲げ剛性**と呼び、材料物性値を含めた曲げに対する強さを表しています。曲げ強さがなぜモーメントアームの2乗に比例するかについて、次項④で説明します。

④ 断面2次モーメントの意味するもの

図6-5は、断面が円い梁(紙面の都合で梁を垂直にして描いてある)に曲げモーメント M が作用し、梁の中立軸を半径 ρ の弧にたわませて、M に対抗している状態(応力分布、たわみ、など)を示しています。

梁に曲げモーメントが掛かった状態で、梁断面の中立軸から距離 y の微小断

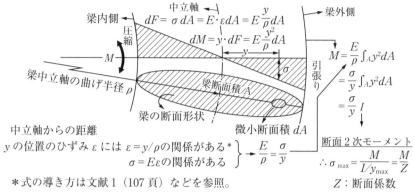

$$dF = \sigma\,dA = E\cdot\varepsilon dA = E\frac{y}{\rho}dA$$

$$dM = y\cdot dF = E\frac{y^2}{\rho}dA$$

$$M = \frac{E}{\rho}\int_A y^2 dA$$

$$= \frac{\sigma}{y}\int_A y^2 dA$$

$$= \frac{\sigma}{y}I$$

中立軸からの距離 y の位置のひずみ ε には $\varepsilon = y/\rho$ の関係がある* $\sigma = E\varepsilon$ の関係がある $\left.\right\}$ $\dfrac{E}{\rho} = \dfrac{\sigma}{y}$

断面2次モーメント

$$\therefore \sigma_{\max} = \frac{M}{I/y_{\max}} = \frac{M}{Z}$$

*式の導き方は文献1（107頁）などを参照。

Z：断面係数

図6-5 「断面2次モーメント」の意味するもの

面積 dA に生じる曲げモーメントを考えます。

　まず、微小断面積 dA に掛かる力 dF は図6-5に見るとおり、中立軸からの dA までの距離 y に比例し、$dF = E\,(y/\rho)\,dA$ となります。

　次に微小断面積 dA に生じる曲げモーメント dM は力 dF に微小断面積 dA までのモーメントアーム y をかけたものなので、

$$dM = y\times dF = E(y^2/\rho)dA$$

となります。dM を面積 A にわたり積分すると梁断面に掛かっている曲げモーメント M となります。すなわち、

$$M = (E/\rho)\int_A y^2 dA$$

この式の中の $\int_A y^2 dA$ が、断面2次モーメント I で、微小断面積にその断面までの距離の2乗を掛けたものとを集積したものになっています。

　図6-5で見るように、

$$M = (E/\rho)\int_A y^2 dA = (\sigma/y)I$$

より、$\sigma = M/(I/y)$、したがって、曲げ応力 σ の最大値 $\sigma_{\max}$ は、

$$\sigma_{\max} = M/(I/y_{\max}) = M/Z \tag{式6-4}$$

（式6-4）で、$y_{\max}$ は当該断面のなかで中立軸からもっとも遠い距離（ここで応力がもっとも高くなる）で、Z は断面係数と呼ばれます。

　断面2次モーメントの導入については95頁の第6章中扉の挿画も参照願います。

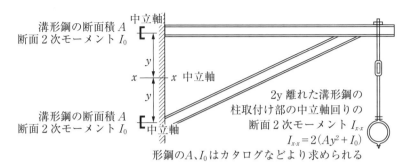

溝形鋼の断面積 A
断面2次モーメント I_0

中立軸

x — x 中立軸

溝形鋼の断面積 A
断面2次モーメント I_0

中立軸

2y 離れた溝形鋼の
柱取付け部の中立軸回りの
断面2次モーメント I_{x-x}
$I_{x-x} = 2(Ay^2 + I_0)$

形鋼の A、I_0 はカタログなどより求められる

図6-6　形鋼構造物の根元の断面2次モーメントを求める

⑤ 中立軸以外の軸まわりの断面2次モーメントを求める

ある図形の x-x 軸まわりの断面2次モーメント I_{x-x} は、x-x 軸から図形の中立軸までの距離 y、中立軸まわりの断面2次モーメント I_0 とすると、

$$I_{x-x} = Ay^2 + I_0 \qquad\qquad (式6-5)$$

で求められます。この式からわかるように、$y = 0$ である中立軸周りの断面2次モーメントが最小となります。そして、中立軸まわりの断面2次モーメントがその梁の強度を決める断面2次モーメントとなります。

このやり方に従って求めた、配管支持構造物を柱に溶接した部分の「構造物としての断面2次モーメント」を図6-6に示します。

6.2　自由体図の活用

原理原則	自由体図によりすべての荷重と支持荷重（反力）を視覚化する

　外力を受ける物体の中の注目したい一部分を、仮想的に切り離したものを、**自由体**（free body）と言います。自由体に作用するすべての外力（力とモーメント、反力を含む）を示したものが、**自由体図**（free body diagram）です。例を図6-7に示します。

　自由体図を描くことにより、対象の物体に作用しているすべての負荷荷重と

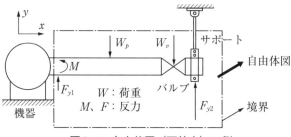

図6-7　自由体図（不静定）の例

　その反力が視覚化され、既知の荷重から未知の反力を求めるための力、モーメントのつり合いの式を作る際に役に立ちます。

6.3　静定梁と不静定梁

原理原則	式が簡単な不静定梁の応力とたわみは、静定梁の応力とたわみより苛酷になる

　図6-7において、負荷荷重はすべて既知で、未知の支持荷重を求める場合を考えると、未知数は M、F_{y1}、F_{y2} の3つです。一方、力とモーメントの式としては、Y 軸方向の力 $\sum F_y = 0$、Z 軸周り（紙面に垂直）のモーメント $\sum M_z = 0$ の2つのつり合式しか書けません。つまり、求められる未知数は2つです。一方、実際の未知数は3つ。このように、力とモーメントのつり合式だけで支持荷重

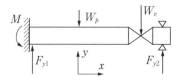

不静定梁
未知数3個：M、F_{y1}、F_{y2}、式2個

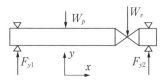

静定梁
未知数2個：F_{y1}、F_{y2}、式2個

（a）不静定梁は支持荷重を1つ取り　（b）静定梁は支持荷重を1つ取り去ると
　　去っても安定している　　　　　　　不安定になる

図6-8　不静定梁と静定梁

を求められない梁を不静定梁といい、力とモーメントのつり合式だけで支持荷重を求められる梁を、静定梁といいます。

　不静定梁の場合は、たわみの計算式を追加することにより、支持荷重を求めることができます。このように不静定梁の方が、静定梁より、支持荷重を求める過程がかなり複雑になります。

　一方、図6-8のような梁の場合、(b) の静定梁の方が不静定梁より、応力、たわみが一般的に大きくなります。したがって、不静定梁であっても、より苛酷な結果の出る静定梁で評価するという便法も考えられます。

　不静定梁の支持荷重の求め方は、たとえば文献1をご覧ください。

6.4 曲げモーメント図とせん断力図

原理原則 　梁の曲げモーメント分布が一目でわかる曲げモーメント図

　集中荷重や分布荷重の外力と、その反力である支持荷重がかかる梁の内力、すなわち、せん断力と曲げモーメントの大きさと分布状態を眼に見えるようにしたのが、せん断力図（SFD）と曲げモーメント図（BMD）です。サポートにより支持された配管で、途中に垂直管がある場合は、垂直管を集中荷重とみなし、連続する梁と考えることができます。

　ここでは、両端が単純支持の梁のSFDとBMDを画いてみます。

　集中荷重Wと分布荷重wの掛かる両端単純支持梁の自由体図を図6-9の上段に示します。

　単純支持梁の場合、前述したように荷重とモーメントの2つのつり合いの連立方程式から未知の支持荷重、F_AとF_Bを求めることができます。単純支持梁ですからM_A、M_Bは0です。支持荷重を求めるときは、中央の細い管群は分布荷重w（N/m）と見なし、その中央にかかる集中荷重$W_3 = w \times L_5$として扱います。そうすると、力およびモーメントのつり合いの式は、

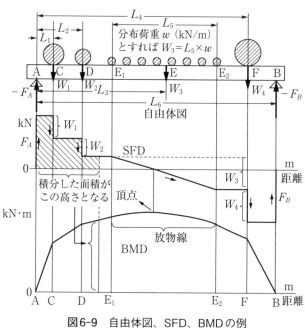

図6-9　自由体図、SFD、BMDの例

$$\sum F = 0 : F_A + F_B + W_1 + W_2 + W_3 + W_4 = 0$$

$$\sum M = 0 : M_A = F_B \times L_6 + W_1 \times L_1 + W_2 \times L_2 + W_3 \times L_3 + W_4 \times L_4 = 0$$

　この連立方程式から F_A と F_B が求まると、SFD は、基準線（荷重 0 の線）上に A、C、D、E_1、E_2、F、B の各位置上に各荷重をプロットし、その点を直線（変化する分布荷重のない限り直線）でつなぐことにより得られます。荷重の符号は上向きの力を＋とし、基準線の上方にプロットします。

（これは約束ごとなので、符号が反対の参考書もあります。一般的に言えば、材料力学では本書の向き、構造力学では本書と反対の向きの場合が多いようです）。

　BMD は次のようにして画くことができます。

　梁左端の支持点 A を起点とし、基準線上の任意の点を、A からの距離 x で表したとき、その点の曲げモーメントの大きさは、SFD の線分を 0 から x まで積分した値（面積）に等しくなります。符号は、基準線の上の面積は（＋）、下の面積は（－）とします。

表6-1　両端単純支持梁のSFD、BMDを画く際の要領

	荷重、たわみ		SFD	BMD
1	梁左端部 支持荷重			勾配が F の大きさ
2	梁右端部 支持荷重			勾配が F の大 きさ
3	集中荷重			勾配が F_1 の大きさ 勾配が F_2 の大きさ
4	分布荷重		W の x までの 積分値	ここの 勾配は x の点の F の大きさ
5	曲げモーメント		（変化なし）	M

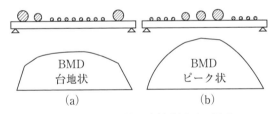

BMD
台地状
(a)　　　　　BMD
ピーク状
(b)

図6-10　重量物は支持点近くに置く

また**表6-1**の要領を使い、SFD、BMDの各荷重点間の線分をつなぐことができます。分布荷重は、均一の分布荷重の場合は、その区間でSFD線分は $wx+b$（w は分布荷重 N/m）の形で表され、BMDはその線分を積分した面積なので、$(0.5\,wx^2+bx+c)$ の形で表されます。すなわち、分布荷重はBMDにおいては放物線となります。

以上の要領で、作成したSFD、BMDが図6-9の中段、下段の図です。

図6-10は、重量物を梁中央付近より、支持点近くに置く方が、梁の最大モーメントを小さくできることをBMDが示しています。

6.5 構造梁、配管のたわみと 曲げモーメント

原理原則	相対変位に対し、第1サポートまでの必要最小スパン

　構造物の梁や配管が荷重を受けたり、配管が熱膨張すると、梁、配管はたわみ、応力を発生します。図6-11は梁が分布荷重を受けたとき（図(a)）、あるいは配管が熱膨張を拘束されたとき（図(b)）のたわみと曲げモーメント（内力）の分布を示します。知識と経験だけでおおよそのこれらの分布図を画くときには、拘束条件と生じる内力の方向を考え、たわみ図をまず画き、それに基づき曲げモーメント図を画く順序がよいと思われます。

　図6-11の配管熱膨張の垂直配管に見られる、中央付近に変曲点を持つたわみ方は、図6-12(a)のA～B間の管のように、熱膨張変位や相対変位でよく見られるものです。このたわみ方は2つの同じ形状、寸法の片持梁の端部同士を接続したものと同等となるので、ガイド付き片持梁（二重片持梁ともいう）と呼ばれます（図6-11(a)の柱構造物の柱は、ガイド付き片持梁にはなりません）。

　図6-12における L には軸直角方向伸び y を許せる最小許容スパン $L_{\min}$ が存在しますが、$L_{\min}$ は（式6-6）で求められます。

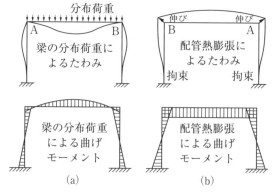

図6-11　分布荷重と熱膨張によるたわみと曲げモーメント

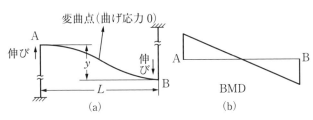

図6-12　ガイド付き片持ち梁の変形とBMD

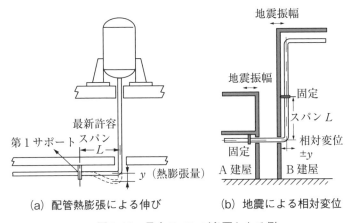

(a) 配管熱膨張による伸び　　　(b) 地震による相対変位

図6-13　最小スパンが必要となる例

$$L_{\min} = \sqrt{3yED/S} \qquad\qquad (式\ 6\text{-}6)$$

ここに、$L_{\min}$：(m)、y：伸び量（m）、E：ヤング率（N/mm^2）、D：管外径（m）、S：管材の許容応力範囲（N/mm^2）です。

図6-13は（式 6-6）が使える例です。図6-13(a)は、容器底部からの垂直管の下方への熱膨張による伸びは、垂直管と床下の水平管に設置する第1サポート間の距離で吸収しますが、その最小許容スパン $L_{\min}$ は（式 6-6）によって求められます。また、図(b)のように、異なる建屋にまたがる配管の、建屋間の地震動の位相差による相対変位を吸収するための最小許容スパン $L_{\min}$ もまた（式 6-6）によって求められます。

〔文　献〕

1 「再入門・材料力学基礎編」沢 俊行著、日経BP社

断面形状	断面二次 モーメント時計 I	断面係数 Z
	$\dfrac{1}{12}bh^3$	$\dfrac{1}{6}bh^2$
	$\dfrac{1}{12}b\left(h_2{}^3 - h_1{}^3\right)$	$\dfrac{1}{6}\dfrac{b\left(h_2{}^3 - h_1{}^3\right)}{h_2}$
	$\dfrac{1}{64}\pi d^4$	$\dfrac{1}{32}\pi d^3$
	$\dfrac{1}{64}\pi\left(d_1{}^4 - d_2{}^4\right)$ $\approx \dfrac{\pi}{8}td_m{}^3 \quad t<<d_m$	$\dfrac{1}{32}\dfrac{\pi\left(d_1{}^4 - d_2{}^4\right)}{d_1}$ $\approx 0.8td_m{}^2 \quad t<<d_m$
	$\dfrac{1}{12}\left(b_2 h_2{}^3 - b_1 h_1{}^3\right)$	$\dfrac{1}{6}\dfrac{b_2 h_2{}^3 - b_1 h_1{}^3}{h_2}$

第7章　配管レイアウトの原則

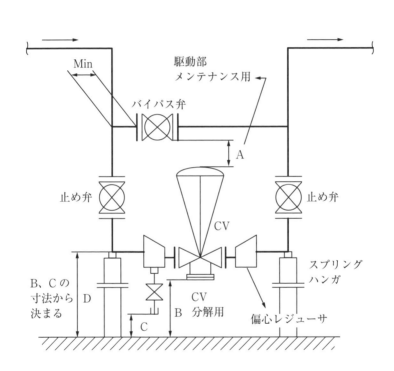

調節弁まわりの配置例

配管レイアウトは、特に経験の積み重ねにより体得するもの

7.1 配管レイアウトに求められるもの

原理原則	配管レイアウトの重要な役割に、空間の住み分けの調整がある

① 配管レイアウトとは

「配管レイアウト」とは「プラントの、ある一定区画内の、小径管を除く全配管のルートと付属するバルブ、ストレーナ、計装品などの配置、これら配管と接続する機器、それらの基礎、架台、プラットフォーム、分解スペース、パトロール通路、ケーブルトレー、空調ダクトなどの配置」のことを言いますが、それらを示す図を指すこともあります。

② プラントの配管レイアウトに求められるもの

プラントの配管レイアウトは、次の❶～❹の条件を満足するように設計されなければなりません（図7-1）。

❶ **プラントが要求されているものを満たす配管レイアウトであること**

P&IDが意図しているプラントの性能、機能を満たし、かつ安全な配管ルートであること。たとえば、適度な配管フレキシビリティ、許容圧力損失を満たし、火災などの危険のない配管ルートであること。

❷ **経済的、合理的な配管、美的配慮の配管であること**

できるだけ管長さは短く、管継手の数が少ない配管、配管ルートのグループ化、ラック上配管を含めて整然とした配管配置であること。

❸ **プラントの運転・監視が容易に行える配管であること**

プラントの運転・監視が容易に行えること。すなわち、パトロール、点検、操作に必要な通路、プラットフォーム、操作架台が適切に配置され、パトロールが効率的で、バルブ操作がしやすく、計器が見やすいこと。

❹ **機器・配管の据付け、メンテナンスを考えた配管であること**

個々の機器、配管、バルブ、配管スペシャルティの据付け、組立、分解点検、搬出入が支障なく行えるスペースがとられていること。

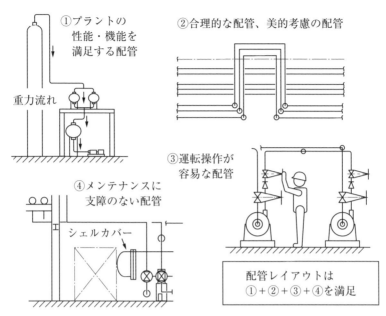

図7-1　配管レイアウトに要求される4つの条件

③ 配管レイアウトが果たすもう1つの役割

上記②項の他に配管レイアウト図が果たすべき重要な役割があります。

配管の存在する空間には、配管の他に、機器、架構、**電気/計装ケーブル**、**空調ダクト**など多くのものが存在します。配管ルートはそれらと干渉しないように引く必要があります。そのため、配管レイアウトの作成過程で、同じ空間に存在するこれらのものと互いに干渉しないように、配管設計部門が主導して、他の担当部門と調整を行い、妥協できるところは妥協し、空間の"住み分け"を図ることが求められます。そして、調整した結果を配管レイアウト図に反映させ、関係部門に周知します。

②の❶～❹項を以下、7.2、7.3、7.4、7.5節で順次具体的に説明します。

7.2 プラントの性能と機能・安全を満たす配管

| 原理原則 | 配管ルートは第1にプラントの性能・機能・安全の要求を満たすこと |

　配管ルートはまず第一に、プラント仕様が要求する性能、機能を満足するものでなくてはなりません。運転に支障を来たしたり、事故を起こしたりするプラントであってはならないからです。

❶ 振動を抑制する配管ルート

(1)　振動を招きやすい流体の配管は、防振器やレストレイントを取り付けやすい壁や鉄骨構造物などの近くのルートをとる。また、支持構造物を他の配管と共用しない、ことなどを考慮します。

　　振動の出やすい配管・流体には、往復動ポンプ・圧縮機からの脈動流、高流速（気体でも液体でも）、高圧蒸気、減圧される流体（減圧弁前後）、二相流（特にプラグ流やフロス流）などがあります。

(2)　ポンプ（特に両吸込）、バタフライ弁、流量計（すべての形式ではない）は入口の偏流を避けるため、入口上流に必要長さの直管部を設けます。

　　バタフライ弁は、弁棒の向きをエルボ、またはTを平らに置いたときの面に平行にすると、弁体に対する偏流の影響を軽減できます。

❷ 許容圧力損失に収まる配管ルート

(1)　配管長さの短い、管継手の数の少ないルートを選びます。許容圧力損失を越えると、計画流量や下流で必要圧力が得られなくなります。

(2)　ポンプ入口配管はポンプ羽根車入口付近でキャビテーションを起こさないようにするため、損失水頭を抑え、有効NPSH*＞NPSH3**になるようにします。

　　　＊ 有効NPSH：ポンプ入口における（静圧－飽和蒸気圧）に相当する水頭
　＊＊ NPSH3：（ポンプ能力が3％下がるときのポンプ入口静圧－飽和蒸気圧）に相当する水頭＋ポンプ内速度水頭

(3)　安全弁の入口管と出口管は、圧力損失が大きくなると、**チャタリング**

（弁体がシートを連続的に叩く現象）あるいは**ハンチング**（弁体が中間開度で揺動する現象）を起こします。管の圧力損失が、弁を開けるための弁前後差圧を低下させるためです。

⑷　液体でも気体でも高流速の場合、必要あれば合流部は T よりも流れの乱れが小さく、圧力損失の小さい**ラテラル**（ト字形の分岐合流管継手）を使用します（振動軽減にも有効）。

❸ **配管熱膨張が許容応力範囲に収まる配管ルート**

必要最小限の**オフセット**（管をいったん横に振り、また平行に走らせること）や**ループ**（図7-1の②、第4章タイトル挿画）をとり、適度な**フレキシビリティ**（たわみやすさ）のある配管とします（4.1 節の①参照）。一方、過度なフレキシビリティは、配管が振動しやすくなるので注意が必要です。

❹ **ウオータハンマや蒸気ハンマを抑止するルート**

⑴　流体慣性力が大きな配管で液柱分離・再結合によるウオータハンマの可能性がある場合、配管のレベルの低い方が静圧が高くなり、液柱分離は起こり難くなります（液柱分離を起こす飽和蒸気圧に対し有利）。

⑵　**安全弁**や急開するバイパス弁などの2次側の蒸気配管は、ドレン滞留箇所があると、高速の蒸気により圧力が高まったり、蒸気で駆動される水塊が曲がり部の壁に激突する際、配管に衝撃を与えるので、ドレンのたまる箇所のないフリードレンの配管とします。**図7-2** は、安全弁の場合を示します。図7-2(b)の場合、配管は上流へ向かって下り勾配とし、最下部の安全弁出口に、ドレン抜きを設けます（閉じる可能性のあるドレン弁は

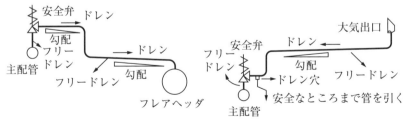

(a) 大気に開放できない流体の場合　　(b) 大気に開放できる流体の場合

図7-2　安全弁配管のフリードレン

付けない方がよい)。

(3) **緊急バイパス弁**のように急開する蒸気弁の場合も、その下流配管は安全弁出口管と同じような設計にしますが、ドレンポケットが避け難い場合はポケット最下部にドレンポット（ドリップレグ）とスチームトラップを設け、バックアップとして、ドレンポット水位で急開する電磁弁を設けることで、ドレンポケットにドレンが滞留しないようにします。

❺ 不安定流動の起きないルート

気相を巻き込んだ、あるいは気体を溶存する液体の配管は下り勾配とし、下流側にこれら気相（ベーパー）が滞留して、背圧を持たないように、気相を逃がすベントを設けます。1次側容器の液面が形成されない（液位制御されていない）場合は気相を巻き込んで流れるので図7-3(a)のように、**独立ベント**を設ける他に、降水管は強い下り勾配で、かつ下流に流入した気相を戻す通路（スペース）を確保します。このようなベントを「**セルフベント**」と言います（文献1参照）。

❻ ベーパーロックを起こさないルート

流体がミストやベーパーを含む気体の場合、図7-3(b)の破線のようなドレンポケットのない配管とします。ミストを含む流体やベーパーの流体は、管路にドレンポケットがあると、湿分が管路で冷やされ、液化した液滴がドレンポ

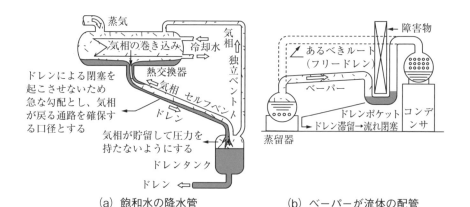

（a）飽和水の降水管　　　（b）ベーパーが流体の配管

図7-3　不安定流動が起きないルート

ケットに滞留していき、終には閉塞状態に陥ります。閉塞により上流の圧力が高まり、ポケット内の液柱を押し上げ、排出できれば再び流れることができますが、不安定な間欠流動を起こします。液柱を差圧で押し流すことができなければ、流れは閉塞してしまいます。

❼ 安全を考えた配管レイアウト

⑴　安全弁において、流体が気体で大気に放出する場合、安全弁出口配管の開口端は、開口端から半径13 m 以内（蒸気の場合、7.5 m 以内）にあるプラットフォームのレベルより3 m 以上高くする必要があります。

⑵　吸気口が大気に開放されている機器では、機器にとって都合の悪い気体、たとえば、吸い込むと性能を悪くする暖かい空気、吸い込むと爆発する可燃性のあるガス、などを吸い込まない配置をとります。

⑶　漏洩すると危険が予想される流体が万が一漏洩しても、不都合な事態を招かない配置をとります。たとえば、高温蒸気管の上に油管を通さない、漏洩の可能性のあるフランジは通路の上に配置しない、など。

7.3 合理的で経済的な配管

原理原則	合理的な配管ルートをとれば、自ずとコストは軽減される

❶ プラントの性能・機能、運転操作、メンテナンスの要求を満足させた上で、経済的にできる限り最短で、管継手の数の少ない配管ルートをとるようにします。

❷ 経済性を考え、主要配管（大径管、厚肉管、高級合金鋼管など）を優先的に通します。発電プラントでは、主蒸気管、給水管、復水管、大口径冷却水管などの、低合金鋼、大口径、管壁の厚い配管などは、最適のルートを通すため優先的に計画します。

❸ 同じ方向へ向かう配管は、グループ化（近接させて並べる）します。グループ化することにより、配管スペースの節約、メンテナンスの省力、

サポートを共用化、美的でもある、などのメリットがあります。

❹ 配管計画時に東西に走る配管群と、南北に走る配管群のエレベーション
を変えておきます。これにより、交差するたびに、エレベーションを変え
て干渉をさける煩雑さがなくなり、配管配置が整然とした感じを与えます
（図7-4(a)）。

❺ 配管ラックが2段になるときの段差は、図7-4(b)のようにエレベーショ
ンを変えて配管が方向を変えられる高さを必要とします。

❻ ラックやブラケットに載せる配管は、管底のレベルを揃えるため、管径
を変える場合は、図7-5の下段のように、**偏心レジューサを下部フラッ
トとなるように使用します**。また、偏心レジューサは図7-5(a)のように、
ポンプ入口に空気だまりができるのを防いだり、図7-5(b)のように、余
計なドレンだまりができるのを防ぐのに使われます。

❼ 勾配配管は他の水平配管と干渉しやすいので、優先的に計画します。

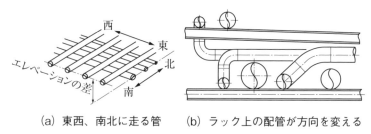

（a）東西、南北に走る管　　（b）ラック上の配管が方向を変える

図7-4　方向の異なる配管、方向を変える配管

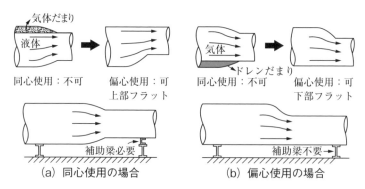

気体だまり

液体　　同心使用：不可　　偏心使用：可
上部フラット

気体　　同心使用：不可　　偏心使用：可
ドレンだまり　　下部フラット

補助梁必要　　補助梁不要

（a）同心使用の場合　　（b）偏心使用の場合

図7-5　偏心レジューサの使い方

7.4　運転操作が容易な配管

原理原則	オペレータになったつもりで運転しやすい配管配置を

　オペレータが運転しやすいような配管ルート、操作しやすいバルブの配置、監視しやすい計器の位置を決め、パトロール通路、プラットフォーム、階段、はしごなどの配置、寸法を決めます。

❶ パトロール通路など

(1)　パトロール通路のスペースは、高さ：床より最低2.1 m、幅：0.75〜0.9 m が一般的です（図7-6 参照）。

(2)　機器、バルブ、計器へアクセスするための、プラットフォーム、階段やはしごを設けます。

❷ バルブ操作

(1)　バルブ操作用スペースはパトロール通路に準じます。

(2)　床または操作架台から操作する場合の水平弁棒のバルブハンドルの高さの優先順位は、

　　▶ 操作床面より 1.0〜1.3 m がもっとも操作しやすい

　　▶ 操作床面より 0.6〜1.0 m が次いで操作しやすい

　　▶ 操作床面より 1.3〜1.8 m は弁棒が眼の高さとなるので避ける

　垂直弁棒のハンドルの望ましい高さは、操作床面より 1.0〜1.2 m

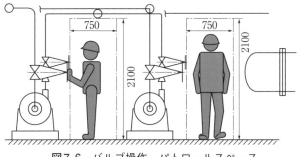

図7-6　バルブ操作、パトロールスペース

(3) 床から操作できない位置に配置せざるを得ないバルブには、**操作用架台を設ける**か、**チェーン操作**でバルブを開閉できるようにします。

(4) 隣り合うバルブのハンドルの間隔スペースは、操作のしやすさを考え 75～150 mm とります。

(5) 計器や排水の状況を見ながらバルブ操作をする必要がある場合は、両者の位置関係を配慮します。

❸ 計器の高さ

オペレーターが読む**計器**の高さは床面より通常 1.5 m 前後とします。

7.5 メンテナンスを考えた配管

原理原則	保守担当になったつもりでスペース設計を

❶ 機器のメンテナンス

(1) 機器を特定し、その機器のメンテナンス（機能を維持するための保守・補修）をするのに、定期的、あるいは不定期に取り外す部分につき、取り外す手段（必要な設備）、行う作業内容、仮置き場所を検討し、そのために必要なスペースを確保し、そのスペースには配管を通さない。また機器、部品、搬出するための通路、道路を確保します。

(2) 機器搬出、分解のためにじゃまになる配管がある場合は、配管取り外し用のフランジを切込む箇所を設けます（図 7-7(b) 参照)。

(3) クレーン車による作業が必要な機器は、作業範囲内に**クレーンアーム**の旋回範囲が入るように**クレーン車**の位置を決め、そのスペースをとります。

❷ バルブ、計装品、などの分解スペース

(1) **調節弁**は、底部カバーや駆動部の取り外しのため、上方、下方に必要なスペースをとります。（本章タイトルの挿画参照（109 頁))

(2) 清掃のための**ストレーナエレメント引抜き**スペースを確保します。

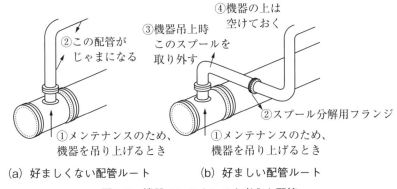

④機器の上は
　空けておく

③機器吊上時
　このスプールを
　取り外す

②この配管が
　じゃまになる

②スプール分解用フランジ

①メンテナンスのため、
　機器を吊り上げるとき

①メンテナンスのため、
　機器を吊り上げるとき

（a）好ましくない配管ルート　　　（b）好ましい配管ルート

図7-7　機器メンテナンスを考えた配管

⑶　**温度計用ウェルの引き抜きなど、計装品の分解スペースを確保します。**

〔文　献〕

1　「PIPING HANDBOOK：第7版」McGraw-Hill 社 2000 年刊、B445〜449 頁
2　「プラントレイアウトと配管設計」大木秀之 他、日本工業出版

第 **II** 編

配 管
コンポーネントの
しくみ

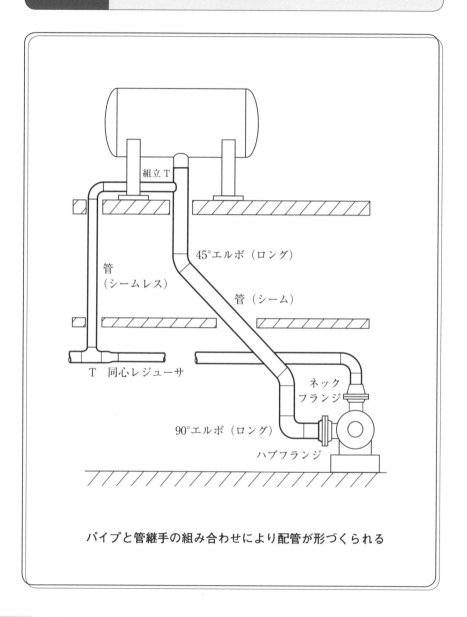

組立T

45°エルボ（ロング）

管
（シームレス）

管（シーム）

T　同心レジューサ

ネック
フランジ

90°エルボ（ロング）

ハブフランジ

パイプと管継手の組み合わせにより配管が形づくられる

8.1 パイプの種類

　パイプ（管）は、流体を内部に通す筒状の長い直線状のものを言い、配管コンポーネント（構成要素）の中でもっとも基本的なものです。主な材質は第1に鋼製、第2に合成樹脂製です。筒状の長い直線状のものに、パイプの他にチューブがあります。鋼製のパイプは、呼び径と外径寸法が異なり、標準のパイプのサイズは呼び径（呼び径については8.2節①参照）で、厚さはスケジュール番号で指定します。一方、チューブは呼び径がなく、外径 mm と厚さ mm で指定します（JIS のチューブの日本語名は「鋼管」、英語名は「tube」になっているのが一般的)。プラント用配管に主に使われるのはパイプ、計装配管や熱交換器用に使われるのはチューブです。ここではパイプについて説明します。

① 鋼（スチール）製管の製法

　シームレス管：ビレット（鋼の棒）をプラグ圧延機、またはマンドレル圧延機で穿孔し、圧延した、管長手方向に継目のないパイプです。機械の製造能力から、一般に呼び径 400 A までの小、中径用です。

　シーム管：長手方向に溶接継手のある管で、板を巻き、その合わせ目を溶接で接合して作ります。長手継手の接合にはアーク溶接、電気抵抗（電縫）溶接、鍛接の方法があります。

　アーク溶接管は比較的大径で、長手継手の形状に**ストレートシーム**と**スパイラルシーム**（帯板をらせん状に巻き、溶接）があります。ストレートシーム管の板の曲げ加工方法に、**UOE**（口径 1600 A 程度まで）、ロールベンド、プレスベンドなどがあります。

　電縫鋼管（口径 650 A 程度まで）は帯板をロールでパイプ状に成形し、板の合わせ部を高周波電気抵抗溶接するものです。**鍛接管**は帯板を加熱、パイプ状に成形、板の合わせ部を圧着して鍛接しますが、最近は少なくなってきています。これらは、巻かれた帯板から連続圧延で造られますが、長手方向に継ぎ

目があるので、シームレス管より信頼度は劣ります。

② 材　質

プラント用鋼管の主な材質としては、炭素鋼鋼管、低合金鋼鋼管、ステンレス鋼鋼管、それにニッケル鋼鋼管、非金属としてプラスチック管などがあります。

炭素鋼鋼管：炭素（0.02～2.14 ％含有）以外に合金を含まない、もっとも一般的な用途の鋼（普通鋼ともいう）で種類もたくさんあります。炭素鋼鋼管の最高使用温度は400～425℃程度となります。代表的なものに、JIS G 3452 **SGP**（配管用炭素鋼鋼管）、JIS G 3457 **STPY**（配管用アーク溶接炭素鋼鋼管）、JIS G 3454 **STPG**（圧力配管用炭素鋼鋼管）、JIS G 3455 **STS**（高圧配管用炭素鋼鋼管）、JIS G 3456 **STPT**（高温配管用炭素鋼鋼管）などがあります。

低合金鋼鋼管：合金成分クロム（Cr）、モリブデン（Mo）の合計含有量が10.5 ％以下の鋼で、高温強度、耐食性があります（オーステナイトステンレス鋼よりは劣る）。代表的なものにJIS G 3458 **STPA**（配管用合金鋼鋼管）があります。400℃以上の高温流体や、エロージョン、FAC（流速加速腐食）などの腐食、浸食の可能性のある箇所に使用します。

ステンレス鋼鋼管：プラント用ステンレス鋼鋼管にはJIS G 3459 配管用ステンレス鋼鋼管があり、オーステナイト系の18-8 ステンレス鋼（18 ％ Cr, 8 ％ Ni）が多く使われますが、代表的なものに、**SUS304TP**（18 Cr-8 Ni）、**SUS316TP**（18 Cr-12 Ni-2.5 Mo）があります。18-8 ステンレス鋼は酸素のあるところで非常に薄い**不働態被膜**を形成し、金属表面を覆うので、耐食性に威力を発揮します（塩素イオンのあるところでは、孔食、応力腐食などを起こすので、注意が必要です）。また、高温強度も高く、極低温でもじん性を維持するので、そのような分野にも使用されます。

プラント配管によく使われる鋼管の使用限界の例を**図8-1**に示します。

プラスチック管一般：プラスチック管の性質は鋼管と著しく異なります。汎用プラスチック（熱可塑性）が、鋼管より劣る注意すべき特徴としては、鋼管に比べ、強度（常温の引張り）が1/50～1/10程度、耐熱的使用限界は60～90℃、紫外線に弱い、熱膨張しやすい（鋼管の熱膨張率3～10倍程度）、常温でも経年的に強度が落ちる（常温クリープ）ことなどです。

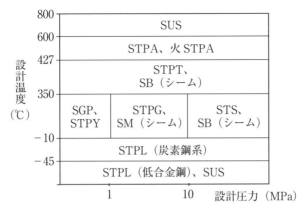

図8-1　水・蒸気配管用鋼管の使用限界（例）

　一方、鋼管より優れた特徴は、弾性に富む（ヤング率1/100〜3/100程度、短所ともなり得る）、酸・アルカリに強い、重さが軽い、コストが安いなどです。

　プラント用によく使われるのはFRP管（GRPともいう）、高密度ポリエチレン管、ポリ塩化ビニル管（通称、塩ビ管）などです。

　FRP（GRP）管は、ガラス繊維、または炭素繊維にエポキシ樹脂（熱硬化性）をコーティングしながら筒状に巻き上げたもので、軽く、強度と柔軟性に富んでいます。大径の冷却水用の埋設管などで使われます。強度があるので、プラスチック管より大幅に厚さを薄くできますが、反面、座屈を起こす条件下（負圧や埋設管）では、座屈の検討が必要です。

　ポリエチレン管は、ポリ塩化ビニル管より弾力性に富んでおり、埋設した場合、耐震性に優れるので、水道、都市ガス管などに多く使われています。強度の高いHPDE（高密度ポリエチレン管）と、より弾力性のあるLPDE（低密度ポリエチレン管）があります。

　ポリ塩化ビニル管（PCV）は、通称、**塩ビ管**と呼ばれ、日常生活のまわりにも広く使われている材料です。ポリエチレン管より強度がある一方、弾力性が低く、脆いところがあります。管、管継手の接続は接着かゴム輪を使い、施工が簡便です。

125

8.2 パイプのサイズ

① 鋼管の外径

鋼管のサイズを呼ぶ場合、外径寸法の数値で言わずに、外径寸法を丸めた**呼び径**を使います。鋼管サイズは in（インチ）単位で呼ぶ方法と mm 単位で呼ぶ方法とがあります。

前者は 12 B のように呼び径の後に B をつけ、後者は 300 A のように呼び径の後に A を付けます。

呼び径はサイズを識別するための記号のようなもので、**表 8-1** に示すように、呼び径と実際の外径寸法は若干異なります。なお、A 系の呼び径数値と B 系の呼び径数値の間には、一部の割り切れないものを除き、A 系の呼び径の数値＝（B 系の呼び径の数値÷4）×100 の関係があります。

呼び径が 24 B（600 A）を越える大径管は、インチ系でいうと 26 B、28 B、

表8-1　A系、B系の呼び径と管外径の例（JIS管）

B 系 呼び径	1/2	3/4	1	1 1/4	1 1/2	2	2 1/2	3
A 系 呼び径	15	20	25	32	40	50	65	80
外径寸法（mm）	21.7	27.2	34.0	42.7	48.6	60.5	76.3	89.1

B 系 呼び径	4	6	8	10	12	14	16	20	24
A 系 呼び径	100	150	200	250	300	350	400	500	600
外径寸法（mm）	114.3	165.2	216.3	267.4	318.5	355.6	406.4	508.0	609.6

表8-2　Sch番号と厚さの例

A 系呼び径	25	50	80	100	150	200	300	400	500
Sch40（mm）	3.4	3.9	5.5	6.0	7.1	8.2	10.3	12.7	15.1
Sch80（mm）	4.5	5.5	7.6	8.6	11.0	12.7	17.4	21.4	26.2

30 B、…のように偶数のサイズがあり、それらの外径寸法は（インチ系呼び径
×25.4）mm になります。

② 鋼管の厚さ

　一般に鋼管の厚さを指定するときは、厚さを mm でいわずに**スケジュール
番号**（Sch 番号と略することができる）を使います。管の呼び径と Sch 番号
のセットで鋼管の厚さ（mm）が決まります（**表8-2**）。**図8-2**は、呼び径と
管厚さの関係を示したものです（参考に載せている SGP はスケジュール管で
はありません）。Sch 番号ごとに異なる一定の勾配をもっており、Sch 番号＝
C（厚さ／呼び径）の関係があることを示しています（ここで C は常数）。厚さ
が厚いほど、耐圧力が大きいほど、Sch 番号が大きくなり、Sch 番号は一種の
圧力クラスということができます。

　炭素鋼、低合金鋼の場合、Sch 10、20、30、40、60、80、100、120、140、
160　がありますが、もっともよく使われるのは、Sch 40 と Sch 80 で、「スケ
ヨン」、「スケハチ」と呼ばれることもあります。

　ステンレス鋼鋼管の Sch 番号は Sch 5 S、Sch 10S、Sch 20S、そして Sch 40
以上は炭素鋼系鋼管と同じになります。Sch 5S はステンレス鋼特有、
Sch 10S、Sch 20S、はステンレス鋼の許容応力が炭素鋼系より高い分、
Sch 10、Sch 20 より、厚さが薄くなっています。

③ スケジュール番号のルーツ

Sch 番号は 1939 年 ASME により、次のように定義されました。

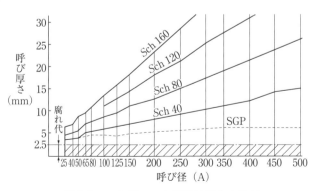

図8-2　スケジュール番号は圧力クラス

$$\text{Sch 番号} = 1000P/S \qquad\qquad (式\ 8\text{-}1)$$

したがって、

$$P = \text{Sch 番号} \times S/1000 \qquad\qquad (式\ 8\text{-}2)$$

ここに、P：設計圧力、S：管材料の常温の許容応力。単位はいずれも MPa。許容応力に常温の鋼管の許容応力の代表値として 100 MPa をとれば、（式 8-2）は、

$$P = \text{Sch 番号}\ /10 \qquad\qquad (式\ 8\text{-}3)$$

となり、Sch 番号を 10 で割れば、目安となる常温の耐圧力（MPa）になります。たとえば、Sch 40 の厚さの管は、中程度の強度の管であれば、どの管径でも目安として、40/10 = 4 MPa の設計圧力に耐えられることを意味しています。このように、厚さ選択の目安として、Sch 番号を使うことができますが、耐圧強度の安全は規定された計算により確認しなければなりません。

さて、Sch 管の各サイズの厚さは、制定時に次のようにして決められました。

設計圧力 P、外径 D、許容応力 S の管の必要厚さは

$$t = PD/2S \quad (\text{mm}) \qquad\qquad (式\ 2\text{-}11)$$

を使います。熱間仕上げの Sch 管の厚さの負の公差は－12.5％なので、必要厚さ t とそれを確保するための呼び厚さ t_n との間には、

$$t_n = t/(1 - 0.125) = t/0.875$$

の関係があります。したがって、（式 2-11）を呼び厚さ t_n を使って表すと、

$$t_n = PD/1.75S \qquad\qquad (式\ 8\text{-}4)$$

（式 8-1）と（式 8-4）より P/S を消去し、腐れ代などを含めた付け代 2.54 mm を加えると、

$$t_n = \frac{\text{Sch 番号} \times D}{1750} + 2.54 \quad (\text{mm}) \qquad\qquad (式\ 8\text{-}5)$$

注：付加厚さの 2.54 mm は 1/10 インチから来ています。

Sch 管の厚さは、（式 8-5）に Sch 番号を入れて求まりますが、（式 8-5）で計算された厚さと規格で定められている厚さを比較してみると、一般に規格の厚さの方が若干厚くなっています。それは、制定時に付加厚さを多めにとったことによるものかもしれません。

8.3 継　手（Joint）

　"継手"はジョイントのことで、配管コンポーネント同士を接合する部位、または方法のことを言い、8.4 節で扱う"管継手"（fitting）とは、日本語は似ていますが、異なります。管用の継手の種類としては、溶接、フランジ、ねじ込みがあります。

　チューブは小径で厚さが薄いので、溶接ができず、ねじも切れない、したがってフランジも使えないので、継手用金具でチューブ表面に面圧を加えたり、チューブ表面に食い込ませたりして、シールする方法がとられます。

　ここでは、パイプの継手について説明します。

① 溶　接

　鋼製のパイプ、管継手、バルブなどを互いに接続する場合の継手に、現在では信頼度の高い溶接がもっとも多く使われます。パイプ、あるいは管継手同士の溶接には 50 A（または 65 A）以上は、突合せ溶接、それ以下では差込み溶接（ソケット溶接ともいう）が使われます（図 8-3）。突合せ溶接されるところは、全厚さにわたって完全に溶け込む（フルペネともいう）開先をとります。効率的な溶接をするため、厚さにより開先形状を若干変えます。溶接方法は、初層と第 2 層は入熱量の少ない TIG アーク溶接、第 3 層以降は入熱量が大きく、能率のよい被覆アーク溶接が多く使われます。

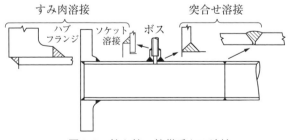

図 8-3　管と管、管継手との溶接

② フランジ

　配管と機器ノズルとの接続部のような、着脱する必要のある箇所は着脱可能な、ボルト、ナット、ガスケットを使って接合面を密着させるフランジ接続を採用します。

　フランジの形式には**図8-4**に示すものがあります。フランジと管の接合が**突合わせ溶接式**は通称ネックフランジと呼ばれ、疲労に対して耐久性があり、ASME圧力クラス2500の高圧用にも使えます。**スリップオン式**には管を差し込むフランジ部がリング状に補強されている**ハブフランジ**と補強のない**板フランジ**があり、いずれも低圧用ですが、板フランジは使用を禁じられる場合があります。

　ラップジョイントは、耐食のために管がステンレスなど高級材の場合、コストの観点からフランジ材に炭素鋼を使う場合などに使用されます。**スタブエンド**という、管と同材質（高級材）、同径、同肉厚の鍔のついた短管をフランジに通してから、管に溶接することにより、フランジは流体に触れることがありません。つばと相フランジの間にガスケットが入ります。

　フランジ接続は、フランジ接合面にシールのための**ガスケット**を挟みこみますが、ガスケットを置くフランジ面（ガスケット座面という）に、**図8-5**に示す形式があります。

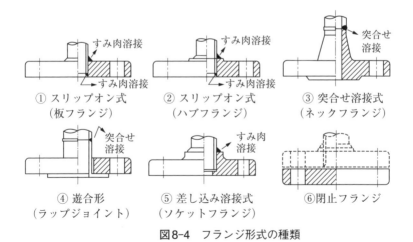

① スリップオン式
（板フランジ）

② スリップオン式
（ハブフランジ）

③ 突合せ溶接式
（ネックフランジ）

④ 遊合形
（ラップジョイント）

⑤ 差し込み溶接式
（ソケットフランジ）

⑥閉止フランジ

図8-4　フランジ形式の種類

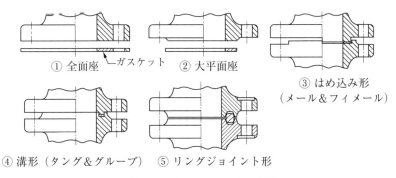

① 全面座　　ガスケット　　② 大平面座

③ はめ込み形
（メール＆フィメール）

④ 溝形（タング＆グルーブ）　⑤ リングジョイント形

図8-5　ガスケット座面の種類

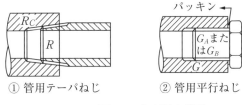

① 管用テーパねじ　　② 管用平行ねじ

図8-6　ねじ込み継手

フランジの密閉性は、ガスケットの**接触面積**ではなく、**接触面圧**の大きさで決まります。同じ締付け力の場合、接触面積の小さい方が、面圧が高くなるので密封性がよくなります。**図8-5**では、一般的に①から⑤の順に密封性がよくなります。

③ ねじ込み継手

ねじ込み継手は、漏れやすい、曲げに弱いなどの理由で、プラント配管では限られた場所に使われています。使用する場合は、管用テーパねじを使用し、ねじ部にシールテープを巻くか、シール剤（シーラント）を塗ります。管用平行ねじは、プラグのような特定のところで使われ、平行の金属面の間にセットしたパッキンを圧縮することによってシールするか、またはプラグのあたまの周囲を全周シール溶接します（**図8-6**参照）。

8.4 管継手（Fitting）

管継手はフィッティングともいい、管路を曲げるとき、合流や分岐をするとき、口径を変えるとき、管路を塞ぐときなどに使用されます。

配管用鋼製で端部が突合せ溶接式管継手の継目なしは JIS B 2312、鋼板製の継ぎ目ありは JIS B 2313、小径用の差し込み溶接式は JIS B 2316、可鍛鋳鉄製のねじ込み式は JIS B 2301 に規定されています。

① 溶接式エルボ、ベンド、マイタベンド

管路を曲げるとき使います（図8-7 参照）。エルボにはロングとショートがあり、また曲げ角度は 90°と 45°、そして 180°があります。エルボ（ロング）は、曲げ半径が口径の 1.5 倍、エルボ（ショート）は口径の 1 倍で、後者はスペース的にエルボ（ロング）が使えないところで使用します。これらは、JIS にサイズ 600 A まで寸法、その他が定められています。

ベンドはエルボの曲げ半径以外の曲げ半径が必要なところ、あるいは、JIS 規定にない厚さの曲げ部に使われ、JIS はありません。

マイタベンドは低圧、常温の配管に使えます。

ベンドとマイタベンドは規定で定める耐圧強度計算が必要です。

② 溶接式 T、組立式 T、等、合流分岐管継手

管路を合流、分岐するときに使います（図8-8 参照）。T の枝管用の突出し部は液圧成形方式、またはプラグ引抜き方式で成形されます。JIS 規格にない

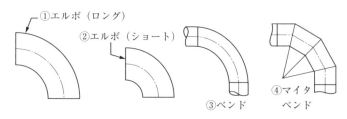

①エルボ（ロング）
②エルボ（ショート）
③ベンド
④マイタベンド

図8-7　管路を曲げる管継手

サイズ（たとえば、母管の径に対し枝管の径が小さ過ぎる）の場合は、母管に穴を開け、管台（枝管）あるいはボスを母管に溶接する組立 T が使われます。母管と管台のみでは穴の補強が不足する場合（2.5 節⑦参照）は、穴の周りに丸い鞍形の**補強板**を溶接で取り付けます。

　ブランチアウトレットは、米国 MSS SP-97 で規格化されており、穴付近の肩、首の部分が補強、一体化された鍛造成形品を母管と枝管の接続に用います。

　図8-9 に合流分岐管継手の種類に対する使用区分の例を示します。T（JIS）は前出の JIS 規格によるものです。ボス溶接は、母管に穴を開け、ハーフカップリングのソケット部の反対側を突合せ溶接開先にしたボスを溶接します。T とボス溶接が使えない範囲は管に穴を開け、管台を溶接、必要に応じ補強板を取り付ける組立 T となります。ブランチアウトレットは、規格化されているサイズのものは使用できますが、非常に高価です。

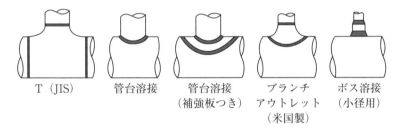

| T（JIS） | 管台溶接 | 管台溶接
（補強板つき） | ブランチ
アウトレット
（米国製） | ボス溶接
（小径用） |

図8-8　合流分岐の管継手

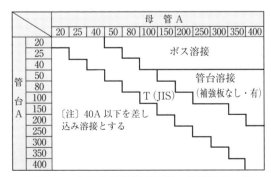

図8-9　合流分岐管継手種類の使用区分の例

③ 溶接式 レジューサ

口径の異なる管を周継手で接続する場合に使用します（図8-10）。

同心レジューサは、異なる径の管の中心軸を一致させて接続するとき使われます。偏心レジューサは異なる径の管を接続するとき、管の下部（あるいは上部）がフラットになるように接続します。このとき、大径側管センターと小径側管センターは、｜(大径側外径 − 小径側外径)/2｜だけずれています。

偏心レジューサの使用法は7.3節を参照願います。

④ その他の溶接式管継手

ネック付管継手：一般にはあまり使われませんが、特殊な管継手としてエルボ、レジューサ、Tの端部に余長として若干長さの直管部をつけた、ネック付の管継手があり、JISに定められています。余長の直管長さはJIS B 2312では、たとえばエルボの場合、100 A で 18 mm、300 A で 30 mm となっています。

キャップ：管路を閉止するものとして、図8-4の閉止フランジの他に、キャップがあります。また、管継手ではありませんが、**閉止板**と称する円形に加工した板を管端に溶接して塞ぐことができます。

⑤ 差込み溶接式管継手

小径管用のすみ肉溶接で相互を接続する管継手に「JIS B 2316 差込み溶接式管継手」があります（図8-11）。一般には 40 A ないし 50 A 以下の管に使わ

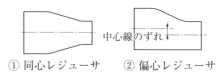

① 同心レジューサ　　② 偏心レジューサ

図8-10　異なる径の管を接続する

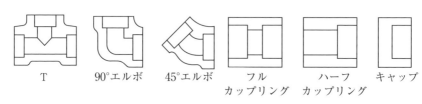

T　　90°エルボ　　45°エルボ　　フル　　　　ハーフ　　キャップ
　　　　　　　　　　　　　　　カップリング　カップリング

図8-11　差込み溶接式管継手

れますが、規格としては 80 A まであります。種類としては 90° および 45° エルボ、T、**フルカップリング**（管同士を接続する）、**ハーフカップリング**（ボス用などに使われる）、キャップ、**クロス**（十字路のクロス部に使用）があります。なお、端部がねじ込み接続のものとして JIS B 2301「**ねじ込み式可鍛鋳鉄製管継手**」があります。

〔**参考資料**〕

JIS ハンドブック

▶配管 I （基本）：基本、ねじ、ボルト、ナット、バルブ、管フランジ、シール、試験、その他
▶配管 II （製品）：管、管継手、管フランジ、バルブ、ストレーナ

よく使うスケジュール管諸元

呼び径 A	Sch 番号	外径（JIS） mm	厚さ mm	断面係数 mm^3	管自重 N/m	水重量 N/m
25	40	34.0	3.4	2.278×10^3	25.2	5.70
	80		4.5	2.731×10^3	32.1	4.82
40	40	48.6	3.7	5.449×10^3	40.2	13.1
	80		5.1	6.877×10^3	53.7	11.4
50	40	60.5	3.9	9.224×10^3	53.4	21.4
	80		5.5	1.200×10^4	73.2	18.9
65	40	76.3	5.2	1.934×10^4	89.5	33.5
	80		7.0	2.423×10^4	117	29.9
80	40	89.1	5.5	2.845×10^4	112	47.0
	80		7.6	3.658×10^4	150	42.1
100	40	114.3	6.0	5.253×10^4	158	80.7
	80		8.6	7.025×10^4	220	72.7
125	40	139.8	6.6	8.784×10^4	213	183
	80		9.5	1.187×10^5	300	113
150	40	165.2	7.1	1.337×10^5	272	176
	80		11.0	1.927×10^5	411	158
200	40	216.3	8.2	2.687×10^5	413	308
	80		12.7	3.907×10^5	626	281
250	40	267.4	9.3	4.703×10^5	581	477
	80		15.1	7.148×10^5	922	434
300	STD	318.5	9.5	6.918×10^5	711	692
	40		10.3	7.444×10^5	768	684
	80		17.4	1.175×10^6	1270	620

〔注〕　上記の表以外に、ステンレス鋼管には、5S、10S、20S　という薄肉のシリーズがある。また、上表中の STD は「スタンダードウェイト」のことで、米国において、スケジュール管の制度ができる以前から存在した厚さシリーズで、他に XS「エキストラストロング」、XXS「ダブルエキストラストロング」がある。STD は 300A 以上の各口径の厚さが 9.5 mm に統一されており、比較的低圧用に日本でも広く使われている。

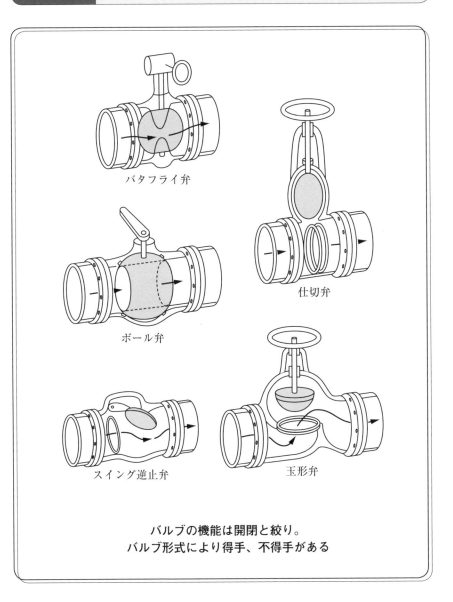

バタフライ弁

仕切弁

ボール弁

スイング逆止弁

玉形弁

バルブの機能は開閉と絞り。
バルブ形式により得手、不得手がある

9.1 バルブの目的と機能

① バルブの構造

　バルブ（弁）は配管コンポーネントのなかで、もっとも重要な働きをします。バルブは配管の基本的機能である「**流体を流す**」（弁全開）、「**流体を止める**」（弁全閉）、「**流量を変える**」（中間開度）、という役割を果たすからです。図9-1 によりバルブ各部の働きを説明します。

　前述の機能を果たすのはバルブの**弁体（ディスク）**①です。その弁体を開けたり、閉めたり、動かすのは**弁棒**⑥です。弁棒はその上端にあるハンドル⑨またはレバー⑩の操作によって、上下に動く、または 90°回転します。バルブは大気圧と異なる圧力の流体を閉じ込める境界（圧力バウンダリ）であり、圧力容器の一種です。弁体を収める圧力容器が**弁箱（ボディ）**②で、メンテナンスのため弁体を弁箱より取り出すためのふたが**弁ふた（ボンネット）**③、または**ボディキャップ**④です。弁棒はバルブの弁ふたの壁を貫いて外部に出ているので、貫通部の隙間から流体が外部へ漏れるのを防ぐため、弁棒貫通部分に**グランドシール**⑦が設けられています。また、弁体を閉じた場合、バルブの上流と

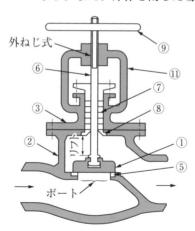

図9-1　バルブの構造の概念

表9-1 * バルブ主要部品とその役割

No.	名　称	説　明
①	弁　体	弁開閉により、弁体が上下するタイプ（仕切弁、玉形弁）と90°回転するタイプ（ボール弁、バタフライ弁、プラグ弁）とがある。
②	弁　箱	管と接続する弁箱両端の接続形式には、溶接形、フランジ形、ねじ込み形（小径用）などがある。
③	弁ふた	仕切弁、玉形弁などで使われる。
④	ボディキャップ	ボール弁で使われる。
⑤	弁　座	流体を閉止する位置の弁体に接して弁箱側に設ける。弁体が上下するタイプでは、金属同士を強いシート面圧で押し付ける。弁体が90°回転するタイプは、弁箱側をソフトな座とすることが多く、シート面圧は高くない。
⑥	弁　棒	弁体が上下するタイプの場合、ねじが切ってある。ねじ部分がバルブ内部にある内ねじ式と、外部にある外ねじ式がある。また、弁棒回転式（弁棒とハンドルが上下する）と弁棒非回転式（弁棒のみが上下する）がある。前者は比較的口径の小さいバルブに使用される。
⑦	グランドシール	ひも状のグランドパッキンを弁棒周りに何重にも巻き、上からボルトで押して、グランド部に面圧を掛けシールする。外部とバルブ内部の遮断が目的。
⑧	逆　座	弁体が全開したとき、グランド部を弁内側からシールできるように設けられた座。仕切弁と玉形弁に設けることができる。
⑨	ハンドル	弁体が上下するタイプで使われる。弁開閉によりハンドルが上下するものと、しないものがある。
⑩	レバー	弁体が90°回転する小口径弁で多く使われる。
⑪	ヨーク	外ねじ式弁棒において、弁棒とハンドルを支えるために弁ふたから出した腕。
⑫	スタンド	バタフライ弁において、弁棒およびハンドル、または減速機を支える台で、ボディ上部に接続させる。
⑬	減速機	減速ギアを介して、ハンドル、またはモータの回転速度を減速させ、操作トルクを軽減する装置。
⑭	ヒンジピン	スイング式逆止弁の弁体をスイングさせるための、スイングの中心軸。スピンドルともいう。
⑮	弁体アーム	ヒンジピンと弁体を連結する腕。

＊表9-1の名称と番号の関係は、9.2節以降の各型式バルブにおいても共通です。

表9-2　主な一般弁の特徴一覧

弁体	バルブ形式	弁体の開・閉位置	特徴　▷；長所、▶；短所
直線移動	仕切弁 主要構成品； ・弁箱 ・弁ふた ・弁棒 ・円盤状弁体	開　　閉	▷シートの密封性がよい ▷高圧の方が密封性がよい ▷圧力損失が小さい ▶リフトが大きく、開閉時間がかかる ▶絞り（中間開度）は避ける ▶異常昇圧を起こす可能性
直線移動	玉形弁 主要構成品： ・弁箱 ・弁ふた ・弁棒 ・円盤状弁体	開　　閉	▷シートの密封性がよい ▷絞る（中間開度）ことができる ▷リフトが比較的小さく、開閉時間が 　比較的短い ▶圧力損失が大きい ▶バルブ重量が重く、大型弁に適さない
90度回転	ボール弁 主要構成品； ・弁箱 ・ボディ 　キャップ ・弁棒 ・球状弁体	開　　閉	▷開閉時間が短い ▷圧力損失が小さい ▫シートの密封性はそれほどでない ▶絞り（中間開度）は避ける ▶異常昇圧を起こす可能性 ▶径が大きくなると重い
90度回転	バタフライ弁 主要構成品； ・弁箱 ・スタンド ・弁棒 ・円盤状弁体	開　　閉	▷コンパクト、軽量で大形弁向き ▷開閉時間が短い ▷圧力損失が比較的小さい ▷絞る（中間開度）ことができる ▫シートの密封性はそれほどでない ▶一般的に高温、高圧用ではない
スイング	逆止弁 主要構成品 ・弁箱 ・弁ふた ・弁体アーム ・円盤状弁体	開　　閉	▷逆流により抵抗が弁体に生じること 　で閉じる ▷構造がシンプル ▶流速が遅いと弁体が全開しない ▶ポンプ起動時、流れの勢いで弁体が 　激しくストッパに衝突することがある
直線	安全弁 主要構成品 ・弁箱 ・弁ふた ・ばね ・円盤状弁体	開　　閉	▫設定圧力に達すると、自動的に弁を 　開け、流体を逃がし、圧力を下げる ▫気体用が安全弁、液体用が逃し弁 ▫弁作動時に流体が弁より外へ漏れる 　開放形、外へ漏れない密閉形 ▫ばね直動式とパイロット式がある。 　前者が主流

下流の間に圧力差ができるため、全閉状態の弁体と弁箱が接する部分には、流体をシールして２次側への漏れを防ぐ**弁座（バルブシート）**⑤がリング状に設けられています。仕切弁と玉形弁は、全開したときに、弁体上部を弁ふた側にある**逆座（バックシート）**⑧に密着させ、グランドシールの代替、あるいはバックアップする構造をしているものもあります。

② 形式別、バルブの特徴比較

表 9-2 に一般弁の主要構成品、弁体の開閉位置、および長所、短所を示します。

③ 電動弁の閉止方法

電動駆動弁の動いている弁体を停止させる方法に、弁体の位置（すなわち弁棒位置）が閉止位置にあることを検出してモータを止める方法（ポジションシーティングという）と、全閉近傍で弁棒が受ける大きな抵抗により生じる減速歯車の過大トルクを検出して止める方法（トルクシーティングという）があります。前者はリミットスイッチにより、後者はトルクスイッチにより検出、モータの電流を切ります。弁の型式別には、高圧仕切弁、バタフライ弁（同心、一次偏心）、ボール弁はリミット切り、低圧仕切弁、玉形弁はトルク切りです。

低圧仕切弁がトルク切りである理由は、仕切弁は弁体を差圧で下流側弁座に押し付けて閉止する構造のため、低圧であるがゆえに、密閉に必要な差圧が得られない可能性があり、トルク切りでしっかり弁座面圧を確保しようとするものです。

なお、全開時にモータの電流を切るのはすべてリミット切りで行われます。（関連項目：9.9 節①参照）。

9.2 仕切弁のしくみ

① 圧損が小さく、弁の高さが高い

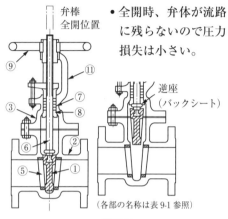

弁棒
全開位置

⑨ ⑪ ③ ⑦ ⑧ ② ⑥ ⑤ ①

逆座
（バックシート）

（各部の名称は表9-1参照）

図9-2

- 全開時、弁体が流路に残らないので圧力損失は小さい。

- 仕切弁は円盤状でくさび状の板を流路に垂直に落とし込み、「仕切る」ように流れを遮断します。**ゲート弁**とも言います。一般的に全開、全閉用に使用。
- 全開時、弁体全体を弁ふた内に収納するため、バルブの高さが高くなり、開閉に時間がかかります（図9-2）。

② くさび状シートにより密閉

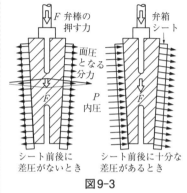

F 弁棒の押す力

弁箱シート

面圧となる分力

F

P 内圧

F

シート前後に差圧がないとき　シート前後に十分な差圧があるとき

図9-3

- バルブ前後に差圧のないときは、弁棒を押し下げることにより弁体を両側の弁座に押し付けシールします。くさび効果により弁座を押す力は、弁棒が押す力よりも増幅されます。差圧が十分あるときは、差圧で弁体を下流側弁座に押し付けてシールします。

③ フレキシブルディスクを採用し、固着を防ぐ

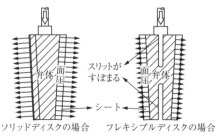

スリットがすぼまる

弁体 面圧

シート

弁体 面圧

ソリッドディスクの場合　フレキシブルディスクの場合

図9-4　弁体がシートに過度に食い込んだ場合

- 弁棒と〔弁箱・弁ふた〕の温度差により、全閉中に弁体が弁座に食い込みすぎると、開けることができなくなります。これを防ぐため弁体に切り込みのある**フレキシブルディスク**が使われます。スリットのないソリッドディスクは低圧用に使用されます。

④ 中間開度では使えない

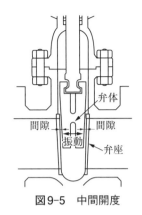

- 仕切弁は弁体がくさび状であるため、中間開度で弁座と弁体の間に間隙があり、かつ弁体は弁棒に固定されておらず、吊り下げられた状態です。このため流れにより弁体が振動、弁体と弁座が叩きあい、傷つく恐れがあり、中間開度での使用は避ける必要があります。もしどうしても使わざるを得ない場合には、きわめて短時間に制限されるべきです。

図9-5 中間開度

⑤ 異常昇圧を起こすことがある

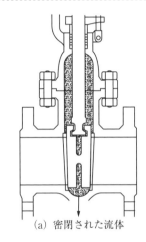

- 弁体を挟んで両側に弁座がある仕切弁は、全閉時、弁座に囲まれた空間（弁ふた内部、弁箱底部、など）に液体が密閉された状態になります。このときバルブ周辺に高温の配管・機器があると、伝熱により密閉された流体が加熱され、液の比容積が増え、異常な高圧力となり、流体が漏れたり、弁箱、弁ふたが変形したり、破壊されることがあります。この現象を「**異常昇圧**」といいます。

  対策は流体を1次側へ逃がす穴（バランスホール）を弁体に設けたり（穴を2次側へ開けると、通常の閉止時、穴を通して流体が漏れます。理由は9.2節②参照）。逃し弁を設置する方法があります。

(a) 密閉された流体

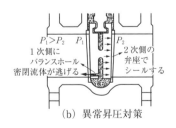

$P_1 > P_2$　P_1　　　　P_2
1次側に
バランスホール　　　　2次側の
密閉流体が逃げる　　　弁座で
　　　　　　　　　　シールする

(b) 異常昇圧対策

図9-6

9.3 玉形弁のしくみ

① シール性は良いが、大きな閉止トルクを必要とする

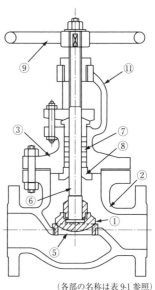

(各部の名称は表 9-1 参照)

図9-7

- バルブのポートは管の流れに対し直角方向に開いており、円盤状弁体は弁に垂直に移動し開閉を行います。弁箱が球状をしており玉形弁、またはグローブ弁（globe：球体）と呼ばれます。
- 一般に、流体は弁座を下から上へ流れます。その方が流れが安定すると言われています。
- 金属の弁座に円盤状弁体を垂直に押し付けるので、高い面圧が得られ、シール性がよい。
- 閉めるときは、弁体下面に圧力を受けるので、操作トルクが大きくなり、大型弁には不向きです。

② 玉形弁に構造・機能が似ているバルブ

- 図9-8 に見るように、玉形弁、アングル弁、Y 形弁の順に、バルブ内の流線の曲がり方が小さくなり、損失水頭（圧力損失）が小さくなります。

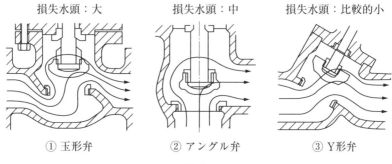

損失水頭：大	損失水頭：中	損失水頭：比較的小
① 玉形弁	② アングル弁	③ Y形弁

図9-8

③ 流体を絞れるが、玉形弁は圧力損失が大きい

- ②の各バルブは弁体を中間開度にして、流れを絞ることにより流量や2次圧力を調節できます。
- 玉形弁は、ポートを通る流れが管の流れ方向と直交しているため、ポート上流と下流で流れがおのおの90°曲がり、圧力損失（圧力降下）が非常に大きくなります。

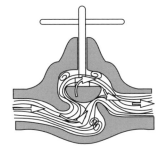

図9-9　90°曲がりが2箇所

④ アングル弁の特徴

- バルブ入口と出口が90°交差している構造のため、バルブ内では90°曲がりが一度だけなので、圧力損失が玉形弁より小さくなります。
- 流体が蒸気や飽和水（弁ポートでフラッシュ）の場合、より確実なシール性の確保と、2次側の流れの乱れを抑えるため、図9-10のように、弁棒のある方を1次側として使うことがあります。

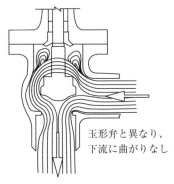

玉形弁と異なり、下流に曲がりなし

図9-10　通常と逆方向に流す場合

⑤ 絞りに適した弁体形状

- 弁体が図9-11の❶の平形の場合、小さな開度で、多量の流量が流れるので、小流量の調整が難しい。
- 一方、❸のニードル形は、小開度の流量が大きくなく、小流量の調整が容易です。きめ細かい流量調整をしたい場合は、ニードル形の弁体を選びます。
- 一般的によく使われるのは平形または❷のコニカル形です。

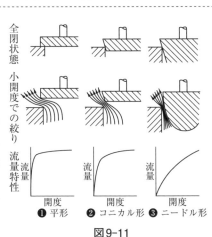

図9-11

9.4 ボール弁のしくみ

① 弁座でボールを支持するフローティング形

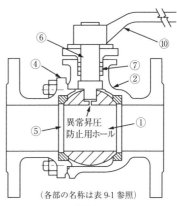

(各部の名称は表9-1 参照)

図9-12

- 仕切弁や玉形弁にあるヨークがないため、背が低く、コンパクトです。弁体は、弁内径よりやや大きい球で、中央を繰り抜いて流路とし、フルボア*のバルブは全開時、管内径とポート径がほぼ一致します。そのため、圧力損失のもっとも小さい弁形式です。しかし弁体が重いので、大きなバルブには向きません。

  *ポート径が管内径に等しいものを言う。ポート径を、コストの観点からフルポートより小さくしたレデュ―ストボアのバルブもあります（圧損は大きくなる）。

- ボールを弁箱内に支持する方法に、弁座だけで支える**フローティング形**（図9-12）と、下から受け台で支える**トラニオン形**（図9-14）があります。後者は、弁体を弁座では支えきれない大型の弁に採用されます。フローティング形は仕切弁同様、バルブ前後に十分差圧があるときは１次側圧力が弁体を２次側弁座に押し付け、シールします。

---

② 操作簡便なボール弁

- 弁棒を $90°$ 回すことにより開閉するので、開閉が短時間でできます。
- 弁座は仕切弁と同様に弁体を挟み両側にあり、異常昇圧を起こします。
- ボールが回転すると、弁座と弁体は摺動するので、PTFE などのソフト材が多い。したがって、弁座の面圧は玉形弁のように高くとれず、弁体差圧に対するシールは玉形弁などより劣ります。

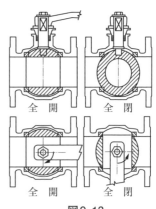

全 開　全 閉

全 開　全 閉

図9-13

③ 台座とスプリング付弁座を持つトラニオン形

- 入口弁座、出口弁座ともに内蔵するスプリングにより、ソフトシールの弁座を弁体に押し付け、シール面圧を保持します。弁座に挟まれた空間の液体が異常昇圧した場合、その圧力で弁座内のスプリングを押し戻し、シール面圧を下げて、液体を逃がし、圧力を下げるので異常昇圧は起きません。

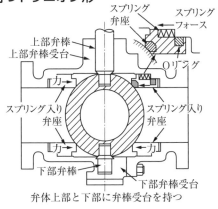

図9-14

---

④ 絞るためのボール弁

- 通常のボール弁を中間開度で使用すると、弁座を傷める可能性があるので、図9-15のような、絞り専用のボール弁を使用します。

	Vポート式ボール弁	セグメント式ボール弁
弁体の外観	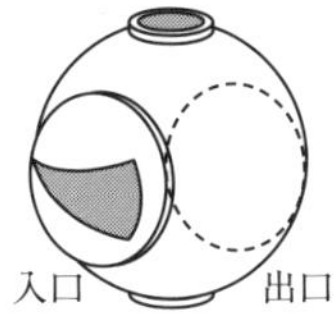 入口　　　出口	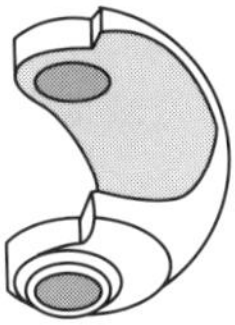
正面から見る	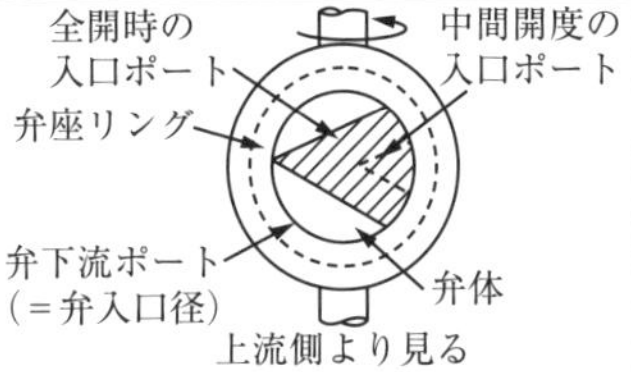 全開時の入口ポート　中間開度の入口ポート　弁座リング　弁下流ポート（＝弁入口径）　弁体　上流側より見る	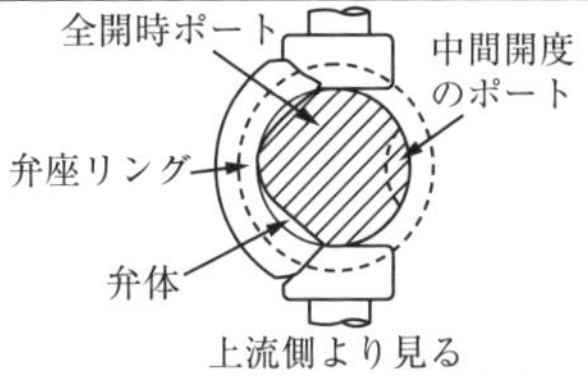 全開時ポート　中間開度のポート　弁座リング　弁体　上流側より見る
側面から見る	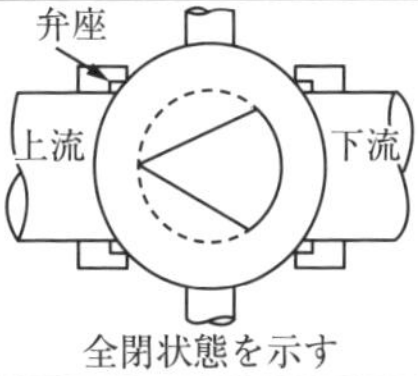 弁座　上流　下流　全閉状態を示す	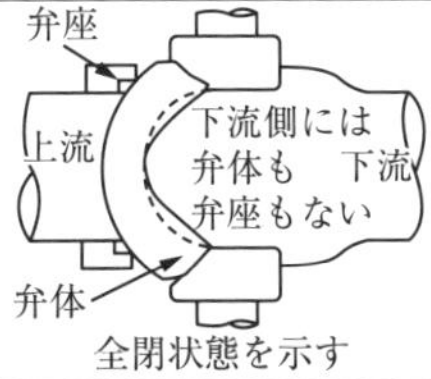 弁座　上流　下流側には弁体も下流弁座もない　弁体　全閉状態を示す

図9-15

9.5 バタフライ弁のしくみ

① 大口径用に適したバタフライ弁

- 弁箱は筒状で、弁座は弁箱の内径に沿って帯状に設けられ、弁体はその弁座に内接する円盤で、弁棒周りに90°回転し、開閉します（図9-16参照）。弁ふたを持たず、他形式のバルブより面間が小さいため、軽量で大径弁に特に適しています。弁座にソフトなゴムなどを使うため、使用圧力、温度は一般にあまり高くとれません。90°回転で全閉–全開ができるので、操作時間が短い。必要に応じ減速ギアを設け、操作トルクを小さくしたり、水撃防止のため操作時間を長くしたりすることができます。

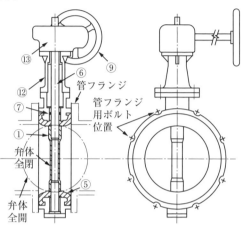

図9-16 ウェハ形バタフライ弁

- 管とはフランジ接続になりますが、大径の場合はフランジ付（図9-17）、小・中径の場合は、フランジのつかないバルブを管フランジの間に挟み込み、通しボルトで締結する「ウェハ形バタフライ弁」（図9-16参照）が広く使われます。

② 中間開度での使用とシール性能

- 中間開度で絞る（流量調整する）ことが可能です。ただし過度の絞りによるキャビテーションは避ける必要があります。
- 弁座のシールは弁体と弁箱座の摺動による接触面圧によるため、仕切弁や玉形弁ほどのシール性能は得られません。

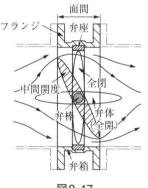

図9-17

③ 偏心バタフライ弁

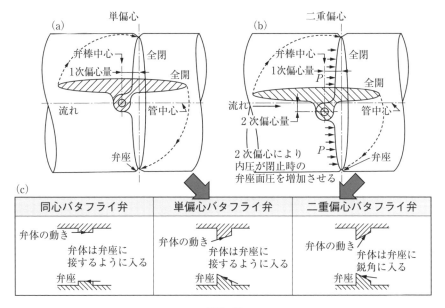

図9-18

- **同心バタフライ弁**（図9-17）は、弁棒が帯状の弁座を貫通しているため、シール性に課題があります。**単偏心バタフライ弁**（図9-18（a））は、弁棒位置を弁座から外し、シール性の改善を図ったバルブです。このバルブの弁体は、同心弁と同じように、弁座へ接するように、擦るように着座します。

- **二重偏心バタフライ弁**は（図9-18（b））、さらに弁棒位置を管の中心軸から外したものです。このバルブは閉止時、弁棒の左側と右側の各弁体が受ける内圧による力が等しくないため、弁棒周りに回転トルクが働きます。バルブの流れ方向のとき、閉止方向の回転トルクが生じます。このトルクを弁座の閉鎖面圧として利用し、シール性を改善できます。ただし、バルブの流れ方向と逆方向の流れに対しては、閉止時に逆方向から圧力を受け、開方向のトルクが働くため締切り圧力が進行方向時の締切り圧力より低下します。

- 図9-18（c）の図に示すように同心、単偏心弁は弁座と弁体は着座するとき、接するようにして着座するため、ゴムのようなやわらかいシート材質しか使えませんが、二重偏心弁は弁体が弁座に若干の鋭角をもって着座するので、ステンレス製などの硬い弁座を使用でき、圧力クラス300、600にも適用できるので、**ハイパーフォーマンス弁**（高性能弁）と呼ばれます。

9.6 逆止弁のしくみ

① 逆流を利用して逆流を止める バルブ

- 逆流が起きたとき、逆流を利用して弁を閉め、逆流を止めるバルブです。(1)スイング式（図9-19）、(2)ティルティング式（図9-20）、(3)リフト式（図9-21）、(4)デュアルプレート式（図9-22）などの形式がありますが、(1)がもっとも使われ、(2)、(4)は閉鎖時間の短縮を図った形式、(3)は小径用で圧力損失が非常に大きくなります。

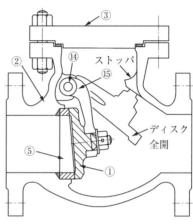

図9-19 スイングチェック式

- ティルティング式はスイングアームがないので、閉止動作が早い。

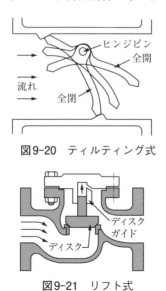

図9-20 ティルティング式

図9-21 リフト式

- デュアルプレート式は半円の2枚の板を中央でヒンジピンに取り付け、2枚の板を常時閉止方向へ押しやる捩りばねを装着して、逆流時に早期に弁体を閉めるようにしています。

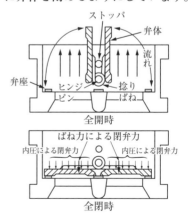

図9-22 デュアルプレート式（ウェハ式）

② スイング式は流量が少な過ぎると、弁体のフラッタが起こる

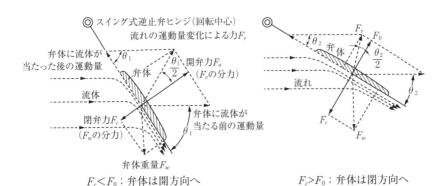

$F_c < F_0$：弁体は開方向へ $F_c > F_0$：弁体は閉方向へ

図9-23 流量(流速)が同じで開度が異なる場合の開弁力と閉弁力

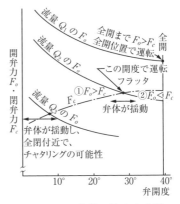

図9-24 弁体の流力安定性

• これら逆止弁は、通常運転時、流速が遅すぎると弁体が全開まで開き切らず、**チャタリング**（弁体が弁座を連続的にたたく）や、**フラッタ**（弁体が中間開度で揺動する）を起こします。**図9-23**に示すように、流れが弁体に当たり、方向を変えるとき、流体の運動量が変化します。

　流体の運動量の変化（質量流量×曲がりによる流速ベクトル変化）は力 F_v となります。F_v の弁体回転方向の分力 F_o が開弁力、弁体重量 F_w の弁体回転方向の分力 Fc が閉弁力です。$F_o > F_c$ のとき弁体は開方向へ動き、$F_o < F_c$ のとき弁体は閉方向へ動き、$F_o = F_c$ のとき弁体は動きません。**図9-24**のように、開度が大きくなるにつれ F_o は減少し F_c は増大します。流量が Q_1 の場合、全開時において $F_o > F_c$ なので、弁体は背後のストッパに押し付けられ安定しています。流量が Q_2 の場合は弁体は全開せず、中間開度でフラッタを起こす不安定な状態です。流量が Q_3 の場合は弁体はわずかしか開かず、流れの変動により弁体がチャタリングを起こす可能性があります。したがって、よく使用する運転状態において、弁体が全開する流速となるような管サイズ等を選択することが必要です。

9.7 安全弁のしくみ

① 配管の安全をまもる安全弁・逃し弁

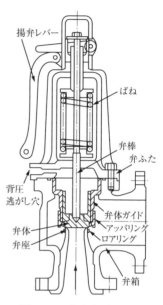

図9-25 安全弁（開放形）

- 配管の圧力が設計圧力を越えたとき、設計圧力に設定された**吹出し圧力**で、バルブポートを開き、圧力を下げるバルブです。

　安全弁（図9-25）は気体に用いられます。気体は圧縮性があり、破裂したとき、被害甚大になる可能性があり、バルブが吹出し圧力に達すると一気に全開します（**ポップ作動**という）。安全弁は弁体が円滑に動くようにガイドが必要だが、ガイドが弁体につく場合、弁体とガイドの隙間から若干の気体が弁体背部に漏れるので、背圧を持たぬよう、バルブ内に大気への逃げ口が設けられます（**開放形安全弁***という）。

　逃し弁は液体に用いられ、設定圧力を越えた圧力に比例して弁を開きます。

② ロアリングとアッパリングの働き

- 安全弁は、ポップ作動が確実に行われるよう、弁体にアッパリング、弁座にロアリングを設けています（図9-26）。(a)ロアリングは吹き出し直前の漏れ蒸気を溜め、弁体の揚力を増加させ、(b)アッパリングは弁座口から吹上げる蒸気を下向きへ変え、運動量の変化で揚弁力を得ます。

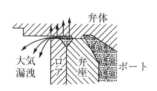

(a)ロアリングによる揚弁力の増加

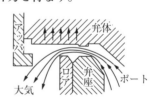

(b)アッパリングによる流れの運動量変化による揚弁力

図9-26 ロアリングとアッパリングによる揚弁効果

③ 安全弁と逃し弁の作動特性

- 液体に使用する逃し弁はポップ作動をしないので、アッパリング、ロアリングはありません。ポップ作動のある安全弁と、ポップ作動のない逃し弁の作動特性を図9-27、図9-28に示します。

  安全弁は、開閉動作を連続的に繰り返さないように、安全弁が再び着座する圧力（**吹止り圧力**という）は、**吹出し圧力**より、若干低くなるように調整されます。その差を**吹下がり圧力**（図9-27、図9-28参照）といい、（吹下がり圧力／吹出し圧力）×100（％）を「**吹下がり**」と言います。吹下がりは規格により異なりますが、おおむね7〜10％です（下記文献）。吹下がりの調整は、アッパリングの上げ下げなどで行います。

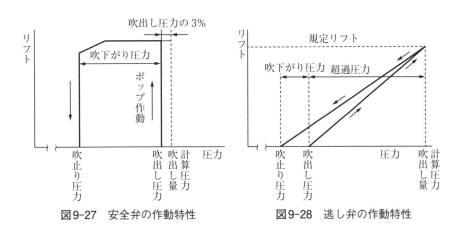

図9-27　安全弁の作動特性　　　図9-28　逃し弁の作動特性

---

④ 安全弁の背圧

- 安全弁の背圧は弁体背後の圧力を言い、一般的な安全弁（**非平衡形安全弁**）では、安全弁出口の外圧（外気の場合は大気圧）に出口管の圧力損失を加えたものです。圧力損失が大きいと背圧が高くなり、弁体前後の差圧が減り閉弁力が増え、チャタリングを起こすことがあるので、背圧は吹出し圧力の10％以下にする必要があります。したがって出口管は適切な管径を選び、できるだけ短く、損失の少ない配管形状にします。

  ＊開放形安全弁：蒸気、空気など大気に出ても害のない流体に使用。毒性、可燃性の流体に対しては、大気に出ない密閉形を採用。

  文献：「安全弁の技術」笹原敬史著、理工学社

9.8 調節弁のしくみ

① 流量や圧力、温度などを調節するバルブ

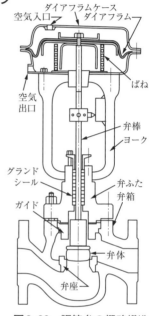

- 流量や圧力、温度などを調節するバルブに調節弁（control valve）と調整弁（regulator）があります。**調節弁**（図9-29、図9-30(a)）は検出された被調節対象の値をトランスミッタ（信号発信機）で電気信号に変え、**コントローラ**（制御器）に送ります。ここで設定値と比較して得られた偏差の電気信号をポジショナに送り、信号に比例した空気圧に変え、弁駆動部に送り、弁体を動かします。空気は別の空気源から供給されます。

　　調整弁（図9-30(b)）は弁2次側の流体を弁に内蔵されたセンサ、コントローラに取り込み、流体の圧力とエネルギーを使い自力で弁体を動かします。比較的小径用です。

図9-29　調節弁の概略構造

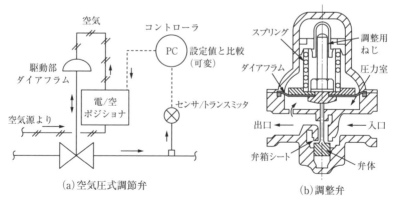

(a)空気圧式調節弁　　　　　　　　　　(b)調整弁

図9-30　調節弁と調整弁

② 調節弁の形式

- 弁形式は玉形弁形式（弁体にプラグ形、ケージプラグ形などあり）が一般的ですが、バタフライ弁、Vポート式ボール弁、セグメント式ボール弁（9.2節参照）、偏心回転プラグ弁などがあり、オン‐オフ制御では、ディスクタイプの玉形弁があります。

---

③ 固有流量特性と有効流量特性

- 弁単体の、弁前後の差圧が一定のときの開度と流量の関係を**固有流量特性**（図9-31）といい、バルブに配管などがついた場合の開度と流量の関係を**有効流量特性**（図9-32*はその一例）といいます。リニア特性は開度に流量が直線比例する特性です。図9-32の P_r は $P_r = \Delta P_v / (\Delta P_v + \Delta P_L)$ で、ΔP_v は調節弁前後の圧力損失（差圧）、ΔP_L は調節弁を除く配管系の圧力損失です。$P_r = 1$ は固有流量特性を意味します。図9-32で見るように、リニア特性のバルブの場合、ΔP_v に対し、ΔP_L の割合が増えると、次第に調節の難しいクイックオープンの固有流量特性に近づいていきます。したがって、調節弁差圧が配管系全体差圧の主体である場合は、リニア特性のバルブが適切ですが、多くの配管系では、調節弁以外の配管損失が主体になるので、その場合は図9-31のようにリニア特性より下にある**イコールパーセンテージ特性**の方が適切となります。なお、実用的に許容できる P_r の最小限界は0.05とする文献**があります。

    *、**共に ISA Journal Apr.1964　Valve flow Characteristics

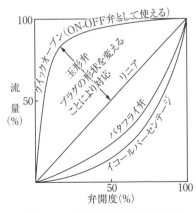

図9-31　固有流量特性の概念図

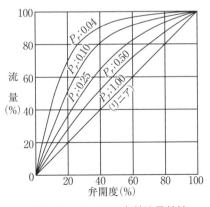

図9-32　リニアの有効流量特性

9.9 **自動弁駆動装置のしくみ**

① 電動駆動

実線の矢印は弁閉動作時の回転方向、破線の矢印はウオームホイール（すなわちステム）に過大トルクが働いたときの、ウオーム、トルクスイッチ（接点が開く）の移動方向を示す。
ハッチング部は非回転。

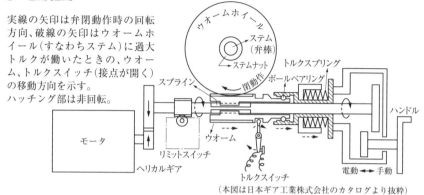

（本図は日本ギア工業株式会社のカタログより抜粋）

図9-33　電動駆動装置の例　概念図

- 電動モータの高速回転を、**ヘリカルギア**、**ウオームギア**の組み合わせにより、所定の回転速度に減速し、回転方向を変え、弁棒の動きに変えます。所定位置、所定トルクで電流を切る**リミットスイッチ**、**トルクスイッチ**を装備（9.1節③参照）。トルクスイッチは弁棒からのトルクがウオームに伝わり、ウオームはトルクに応じて生じるスラストにより、スプリングを押し、所定トルクになると、トルクスイッチで電流を切ります。電動作動時に手動ハンドルが回転しない安全機構を装備。

---

② 空気駆動

- **図9-34**はダイアフラム式の**単動式**（空気圧は一方向のみ）を示します。**正作動型**は空気源喪失で弁開（フェイルオープンという）になり、**逆作動型**は空気源喪失で弁閉（フェイルクローズという）になります。他の形式として、スプリングを使わ

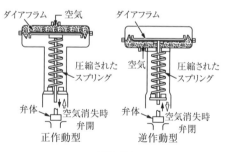

図9-34

ず、開・閉両方向とも空気圧で動かす**複動式**があります。

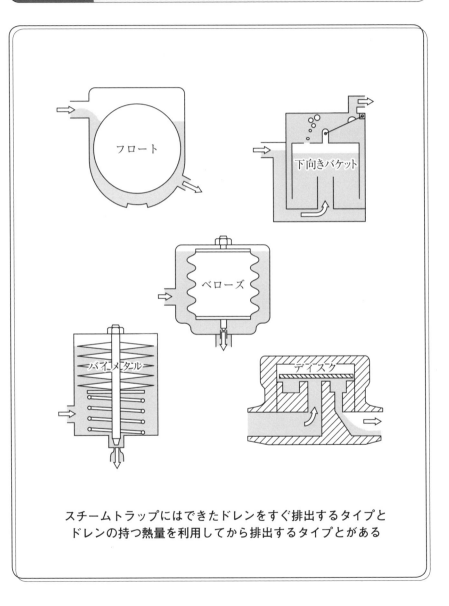

フロート

下向きバケット

ベローズ

バイメタル

ディスク

スチームトラップにはできたドレンをすぐ排出するタイプと
ドレンの持つ熱量を利用してから排出するタイプとがある

10.1 スチームトラップの用途

① スチームトラップ、2つの用途

　蒸気用管や装置内の蒸気を逃がさず、ドレンと空気だけを排出するのがスチームトラップです。ドレン排出のタイミングが異なる2種類の用途があります。

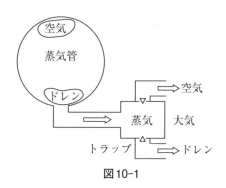

図10-1

② 第1の用途

　蒸気管において、管路内にドレンが滞留し、流れの阻害により起こる騒音、振動、水撃、そして腐食の原因を取り除くために、ドレンが発生次第、速やかに管外に排除するトラップ。

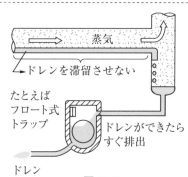

図10-2

③ 第2の用途

　復水の顕熱を利用すべく設計がなされた装置において、飽和温度以下の、一定温度まで下がったドレン（復水）を排出するトラップ。

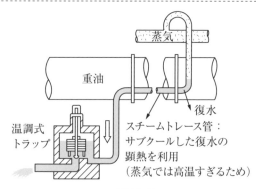

図10-3

10.2 流体判別の方法

① 流体判別の方法

「逃がしてならない蒸気」と「排出すべきドレンと空気」を識別する必要があります。蒸気とドレンは密度差あるいは温度差により識別できます。ただし、飽和蒸気と飽和水（ドレン）は温度が同じなので、温度では識別できません。蒸気と空気は温度差で識別できます。

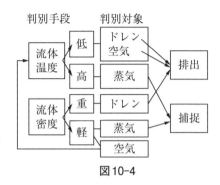

図10-4

② 密度差で区別する方法

フロート式（図10-5(a)）と下向きバケット式（b）とがあり、浮力の有無によって弁を開閉します。

図(a) はドレン流入によりフロートに浮力が生じ、ポートが開く。

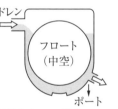

(b) はドレン流入によりバケット内の残留蒸気が凝縮、ドレンとなり、バケットが浮力を失い、ポートが開く。

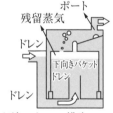

（a）フロートが浮きドレン排出　　（b）バケットが沈みドレン排出

図10-5　ドレン排出時の状況

③ 温度差で区別する方法（サーモスタティック）

バイメタル式（図10-6(a)）とベローズ式（b）、およびダイヤフラム式があります。温調トラップはバイメタル式です。

飽和温度より下がったドレン流入による温度降下でバイメタルの変形が減り、ポートが開く。

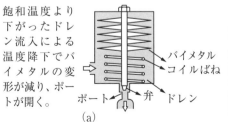

(a)

ドレン流入による温度降下でベローズ内部封入の感温液が液化し、ベローズが収縮、ポートが開く。

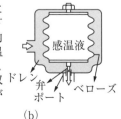

(b)

図10-6　ドレン排出時の状況

159

10.3 フロート式スチームトラップのしくみ

フロート式には、弁体をフロートと連結するレバーで動かすフロート式もありますが、ここでは、フロートの球面の一部が弁体となるボールフロート式の作動／機能の例を説明します。

① 蒸気配管起動時

蒸気配管が起動して、主管に蒸気が入ってくると、蒸気は冷たい管に冷やされ、できた凝縮水と管内の残留空気がまずトラップに到達します。このとき、トラップ内にドレンがなくても底部に設置されたバイメタルが温度が低い状態の姿勢でフロートを持ち上げているので、ポートは開いてお

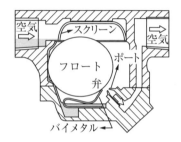

図10-7

り、空気とドレンを排出します（図10-7参照）。バイメタルは空気排出用で、メーカーや型式によりさまざまの形状と配置があります。

② フロート浮上、ドレン排除

ドレンがトラップ内に、あるレベル以上溜まると、フロートが浮上し、ポートは依然として開き続け、ドレンをポートから排出し続けます（図10-8参照）。

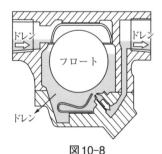

図10-8
（株式会社テイエルブイのカタログより）

③ 蒸気流入、フロート沈む

次にドレンが止まり、蒸気が入ってくると、トラップ前後差圧によりトラップ内の水位が下がり、フロートが沈み、かつ蒸気による温度上昇でフロートを載せているバイメタルが沈みこみ、フロートが下がり、ポートを閉ざします。これにより蒸気はトラップ内に留められます。ポートは残留ドレンによってシールされており（図10-9参照）、蒸気漏れを起こしません。

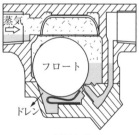

図10-9

10.4 下向きバケット式トラップのしくみ

　下向きバケット式は、ドレン（液体）と蒸気（気体）の密度差により、下向きのバケット（バケツの語源）内に生じる、あるいは消滅する浮力を利用して弁の開閉を行います。バケット上端とケーシング上部を繋ぐレバーの途中に弁体があり、そのすぐ上にポートがあります。バケット頂部にはバケット内の空気を逃がすベント穴が設けられています。

① 起動前バケットは沈んでいる（図10-10）

　起動前、トラップ内に空気のみがあるとします。バケットは浮力がないので、もっとも低い位置、すなわちバケット支持台の上に載っています。この位置では、ポートは全開しており、入ってきた空気は排出されます。蒸気管が起動し、蒸気が管に入ってくると、管内に滞留していた空気と、冷たい管壁に触れた蒸気が凝縮してできたドレンが入り混じって、トラップ内に押し出され、バケット外側の水位が上昇してきます。

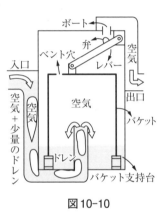

図10-10

② 初期ドレン流入と残留空気により一時的にバケット浮上（図10-11）

　管内の空気が抜けた後、蒸気が凝縮したドレンが一時的にトラップに流入します。ドレンはバケット内の残留空気をベント穴、ポートを介して外へ排出します。ドレン流入とともに、バケット外側の水位は上昇し、バケット内空気によりバケットは一時的に浮上しますが、バケット内残留空気はベント穴よりトラップ本体の上部へ抜け続けるので、早晩バケットは浮力を失い、沈んで、ポートを開き、トラップの前後差圧で空気、そしてドレンの排出が始まります。

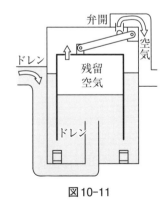

図10-11

③ 蒸気流入し、バケット浮上、弁を閉める

　管が温まると、トラップに入ってくる流体は蒸気になります。蒸気はバケット内部に集められ、バケット内蒸気がバケット自重より大きな浮力を生じる容積に達すると、バケットは浮上し、弁がポートを塞ぎ、蒸気の外部への流出を阻みます。バケット内蒸気は周囲の冷たいドレンにより冷却され、凝縮し、容積を減らし、かつベント穴より徐々に本体上部へ逃げます。

　バケットが浮力を失うと、バケットが沈み弁が開きドレンを排出します。

　そのあと、主管から入ってくるのが蒸気であれば、バケットは再び浮上し、弁を閉めます（図10-12参照）。

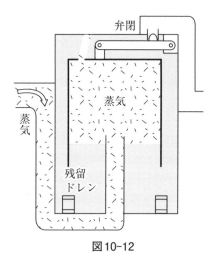

図10-12

---

④ ドレンが流入、バケット内気相がなくなれば、バケットは沈む
（図10-13）

　そのあと、ドレンが入ってくればバケットは沈み続け、ドレンの排出を続けます。その間にバケット内の残留蒸気は凝縮あるいはベント穴から抜けてドレンで満たされた状態となります。主管のドレンが排出しつくされた後、トラップ内に蒸気が流入してくると、③の状態となって、バケットが浮上し、蒸気の外部への流出を防ぎます。

　以後、運転中は③と④を交互に繰り返します。

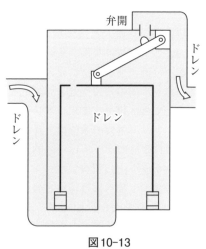

図10-13

10.5 サーモスタティックトラップのしくみ

この形式にはバイメタル式、ベローズ式、ダイアフラム式があります。

① バイメタル式の原理

線膨張率の異なる2枚の板を張合わせたバイメタルエレメントは、温度変化があると板の伸び量が異なるので、温度変化量に応じ、図10-14のように湾曲に反ります。この反りを弁軸方向の変位に変え、温度の高い蒸気がきたらポートを閉じ、温度の低いドレン、空気がきたらポートを開きます。バイメタルのタイプに縦形と円盤形とがあります。

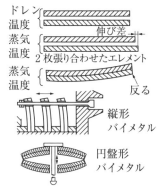

図10-14 バイメタルの変形

② バイメタル式の作動

サーモスタティックトラップは、飽和温度で弁を開けると、ドレンと共存する蒸気が逃げるので、飽和温度より若干下がった温度で弁を開き、ドレンを排出します。つまりトラップ上流に常にドレンが存在しています。バイメタル式の一種、**温調トラップ**はドレンの顕熱を利用する**スチームトレース**などのためのトラップで、弁の開く温度を飽和温度以下の任意の温度に設定、調節できるようになっています（④参照）。

図10-15はその例で、バイメタル上端が固定点で、バイメタルがたわむと弁を押し下げて弁を閉じ、ばねにより弁を開けます。

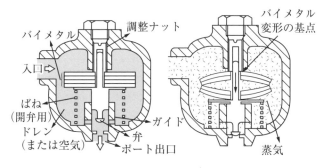

図10-15 温調式トラップの作動原理

③ ベローズ式とダイヤフラム式

蛇腹のようなベローズ式図10-16
(a) と膜状のダイヤフラム式 (b)
は、その密閉された内部に水の飽和曲
線より飽和温度が若干下回る飽和曲線
の液体（感温液と称す。特性は④で説
明）を封入してあり、感温液が飽和温
度に達すると蒸発し体積が膨張、
ベローズ、またはダイヤフラムを伸ば
して弁がポートを塞ぎます。

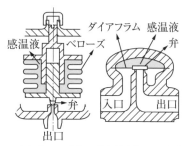

(a)ベローズ式　(b)ダイヤフラム式

図10-16

④ バイメタル式、ベローズ式 / ダイヤフラム式の特性

バイメタルは温度変化による弁体の
閉弁力が図10-17のようにリニア
（直線）となります。トラップの設計
点である飽和圧力 P_d とその温度 t_d で
は閉弁力>開弁力で、閉まるように
なっていたものが飽和圧力 P_1 とその
温度 t_1 に変化すると、開弁力>閉弁
力となり、弁を開いて蒸気を逃がして
しまいます。したがって、バイメタル
式では圧力が変わった場合、バイメタ
ルの締付量の調整が必要となります。

一方、ベローズ式 / ダイヤフラム式
は前述したように感温液が内部に封入
されており、図10-18に示すように
圧力が変わっても常に水の飽和温度よ
り Δt℃低い温度で、弁を閉じさせる
ことができるので、バイメタル式のよ
うにねじで調節する手間が省けます。

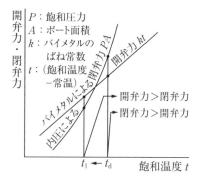

図10-17　バイメタル式の特性

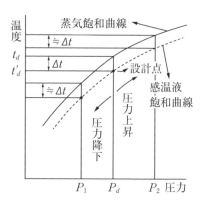

図10-18　ベローズ式の特性

10.6 ディスク式スチームトラップのしくみ

① ディスク式スチームトラップの構造

可動部は図10-19のように、弁体を兼ねるディスク（円板）のみの単純な構造ですが、その作動メカニズムは動力学的なので、静力学的な他のトラップ形式に比べて、作動原理はややわかりにくいかもしれません。

ディスクは次のようにして、ドレンを排出し、蒸気を捉えます。

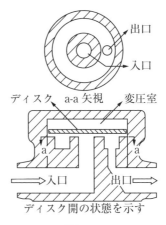

出口
入口
ディスク　a-a 矢視　変圧室
a　　　　　a
入口　出口
ディスク開の状態を示す

図10-19

② 起動し、空気、ドレンが流入

管の起動時は、管内に残留した冷えたドレンと空気がトラップに入ってきますが、質量の大きなドレンは運動量が大きいので、ディスクを持ち上げ、両者を排出します。

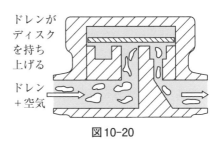

ドレンがディスクを持ち上げる
ドレン＋空気

図10-20

③ 蒸気の流入

ドレンに変わり蒸気が入ってくると、ディスク下側の流速がディスク上側の流速より遥かに速く、ベルヌーイの定理で下側の圧力が低くなり、ディスクは下方に吸引され、出口を塞ぎます（図10-21は吸引直前の状態）。

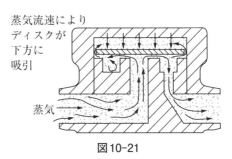

蒸気流速によりディスクが下方に吸引
蒸気

図10-21

④ 変圧室の働き

ディスクが下方に密着した状態で、変圧室の圧力が作用するディスク上面の面積は、圧力がかかる下面の面積よりも十分に大きいため、ディスクを下方に押し続けます。

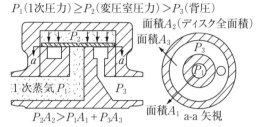

P_1（1次圧力）≧P_2（変圧室圧力）＞P_3（背圧）

面積A_2（ディスク全面積）

$P_2A_2＞P_1A_1+P_3A_3$

図10-22

⑤ 放熱による変圧室圧力の低下

変圧室は、1次側蒸気（P_1）からの伝熱量よりも大気に逃げる放熱量が多いと、圧力が下がり、下からの圧力に負けて、ディスクが上がり、蒸気が漏れることがあります。

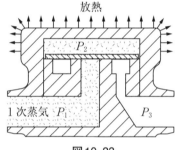

図10-23

⑥ 保温室など、付属設備のついたものがある

⑤の変圧室の放熱を防ぐため、変圧室の上に、図10-24のような放熱を防ぐ部屋を設けているタイプもあります。また、空気を逃がすためのリング状のバイメタルを装着したものもあります。バイメタルは温度が下がると、リング径をすぼめ、円錐状底面をせり上がり、ディスクを持ち上げ空気を逃がします。

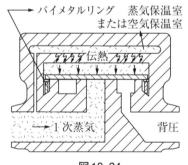

図10-24

（参考文献：株式会社テイエルブイ：もっと知りたい「蒸気のお話」）
<https://www.tlv.com/ja/steam-info/steam-theory/>

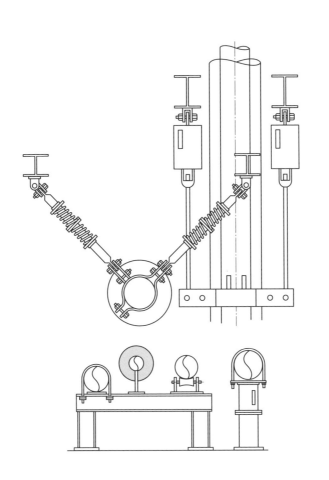

配管重量をバランスよく支持し、配管位置を安定的に保持する

11.1 配管支持装置とは

① 配管支持装置の種類

　配管を敷設するには、配管を空間にあるいは床上に支える必要があります。配管を支える装置が「**配管支持装置**」で、配管重量を支えるのがサポート、ハンガー、配管の機械的振動を抑制するのが防振器、主として地震による揺れを抑えるのがスナッバ、そして熱膨張や振動による配管の動きを鋼材やコンクリートにより拘束したり抑制するのがレストレイントです（**図11-1** 参照）。さらに分類を進めると**表11-1** のようになります。

② サポート・ハンガ

　サポートもハンガも、配管の自重（内部流体、保温材を含む）を支える装置ですが、両者の使い分けは定まっておらず、「**サポート**」は配管を下から支える場合に使われますが、配管支持装置全般を指すこともあります（本章でも、両方の意味に使います）。「**ハンガ**」は配管を上から吊る場合や、支持装置の種類をいうとき、たとえば、スプリングハンガ、コンスタントハンガなどのように使われます。

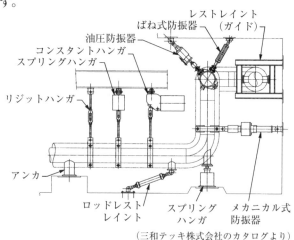

（三和テッキ株式会社のカタログより）

図11-1　配管支持装置

表11-1 配管支持装置の種類

分 類	種 類	目 的
サポート・ハンガ	リジットハンガ	原則、垂直移動しない配管の支持用
	スプリングハンガ	垂直移動する配管の支持用
	コンスタントハンガ	さらに大きな垂直移動する配管の支持用
防振器	ばね式防振器	配管の機械的振動の抑制
スナッバ	油圧防振器	地震による配管振動を抑える
	メカニカル防振器	
レストレイント	アンカ	配管を完全固定する
	ガイド	配管の1軸方向、あるいは2軸方向の動きを自由に、残る方向の動きを拘束する
	ストッパ	配管の1軸方向のみ拘束する

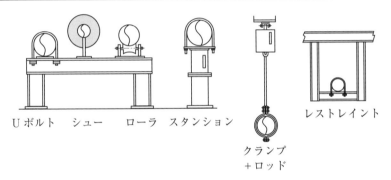

Uボルト　シュー　ローラ　スタンション　クランプ＋ロッド　レストレイント

図11-2　サポートの形態

　管はどのようにその重量を支持されるのか、その代表的な形態を**図11-2**に示します。

　下から支える配管支持装置の代表的な形式は、配管ラックなどの架台やスタンション（柱のようなもの）になります。それらに管を固定するのは**U ボルト**、強度の小さい管材には**U バンド**、スライドさせるには**シュー**や**ローラ**などを管と台の間に設置します。垂直方向の移動を許すには管の下にスプリングハンガを設置します。

　上から吊る場合はロッドを用います。管の熱膨張による水平方向の移動はロッドの傾きにより吸収しますが、ロッドの傾きは4°以下にすることが推奨

されています。傾きが大きくなると、無視できない水平分力の発生、美観の問題や心理的不安を起こさせるためです。垂直方向の移動がある場合は、スプリングハンガ、またはコンスタントハンガを使用します、ロッドタイプハンガの代表的な構成を図11-6の左に示しています。

③ ばね式防振器とスナッバ

振動を抑制したり拘束するものに、ばね式防振器とスナッバがあります。

ばね式防振器は、配管振動の振幅でばねが変位するときに発生する力で振動を抑えるもので、機器から配管に伝わる振動や、配管内で発生する比較的高い周波数の振動の抑制に使われます。なお、ばね式防振器とスナッバ、両方とも防振器と呼ぶこともあります。

スナッバは、地震によって生じる配管の揺れを拘束するもので、ばね式防振器と異なり、配管熱膨張のようにゆっくりした変位を拘束しないので荷重は発生しません。また、配管に生じる振幅の小さな振動には、防振効果がありません。

種類としては、**油圧防振器とメカニカル防振器**があります。油圧防振器の一種は、配管熱膨張による安全弁の移動を拘束せずに、安全弁作動時の反力を受ける装置としても使われます。

④ レストレイント

レストレントは鋼材、ロッド、あるいは、それらを組み合わせて、配管の動きの一部またはすべて、あるいは振動を拘束する装置です。図11-3、4、5に例を示します。

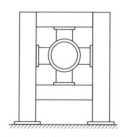 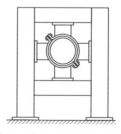

（a）はラグを管に直接溶接するので、最悪の場合、溶接部に振動によるクラックが生じたとき、進展してパイプの壁を貫通するクラックに発展する可能性があります。

（a）ラグを管に直接溶接　（b）ラグをパイプクランプに溶接

図11-3　2方向拘束レストレイント

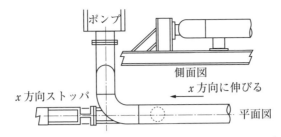

図11-4　ポンプにかかる荷重を軽減するためのストッパ（x方向）

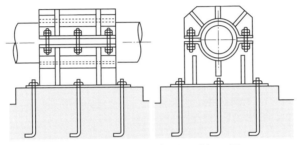

図11-5　アンカ（完全固定）の例

11.2 リジットハンガのしくみ

　リジットハンガは伸縮のできないサポートで、一般には、図11-6(a) に示すようにターンバックルによって長さを調節できるようにしたロッドと称する鋼製丸棒により配管を上から吊り下げる装置です。下から支える場合は、リジットハンガとは呼ばず、リジットサポート、スタンションなどと呼ばれ、図11-6(b) にその例を示します。このタイプのハンガ、サポートは据え付けた後、人による調整なしに、全体長さが変わることはありません。

　リジットハンガは、原則として垂直方向に配管変位がない所に使用しますが、図11-6(b) のように、多少の垂直変位のある箇所でも、そこを垂直方向に拘束したことにより生じる。配管熱膨張応力範囲、機器への配管反力、リ

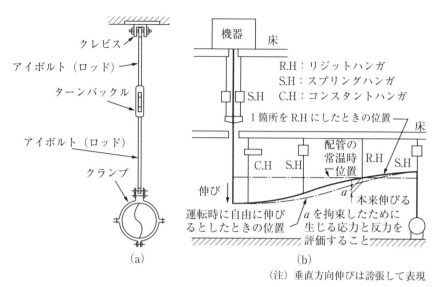

（a）　　　　　　　　　（b）

（注）垂直方向伸びは誇張して表現

図11-6　リジットハンガとその使用例

ジットハンガの荷重が、おのおのの許容値以下であれば、使用することができ
ます（必要あれば、フレキシビリティ解析を行い確認をする）。なお、ロッド
タイプの場合、上向き荷重がかかるところには座屈を考え、使えません。

　リジットハンガにかかっている荷重は、目で見て確認することができず、計
算（概略計算のこともある）で得た荷重と、ハンガ施工者の"感"に頼ってい
ます。したがって、設計荷重（計算荷重）に対し大きな安全係数、たとえば
10程度、をとる必要があります。また、管呼び径に対する最小ロッド径を決
めておくことも必要でしょう。

　リジットハンガはスプリングを内蔵するハンガより、荷重に対して冗長性が
あるので、リジットハンガをこれらのハンガにうまく混在させて使用すること
により、これらハンガ使用による実際荷重と設計荷重の乖離があった場合に、
その乖離荷重を吸収できる可能性があります。また、スプリング内蔵のハンガ
を多用した配管ラインは振動しやすい傾向がありますが、リジットハンガが混
在していると、配管をより剛にする効果があります。

11.3 スプリングハンガのしくみ

① スプリングハンガの構造

　スプリングハンガはバリアブルスプリングハンガとも呼ばれます（英米では後者を使う）。ハンガ設置箇所の配管の垂直方向の変位（これをトラベルと称す）をコイルスプリングの伸縮で吸収するものです。ハンガの支持荷重は、スプリングの伸縮、すなわちトラベルの変化により変わってしまうので、Variable Spring Hanger の名があります。

　構造は**図11-7**に示すように、比較的単純な構造をしています。

　スプリングハンガはハンガメーカーにおいて標準荷重ごとに、3種類のばね常数のスプリングを内蔵するものが準備されているのが一般的です。その理由は③で説明します。

② スプリングハンガの調整

　メーカーからの製品出荷時、スプリングハンガは、スプリングを固定する装置（**プリセットピース**、あるいは**プリセットピン**）により、トラベル位置を冷間（常温）位置に固定されています（図11-7参照）。据付け後の水圧試験が完了

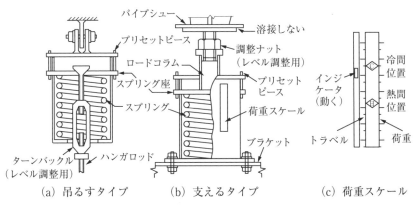

（a）吊るすタイプ　　　（b）支えるタイプ　　　（c）荷重スケール

図11-7　スプリングハンガの構造

し、保温の取り付けが終わった後に、プリセットピースを外します。このとき、スプリング座の位置を示す**インジケータ**の位置が、ケースに設けてある荷重スケールの冷間位置からずれていたら、ターンバックルを回すなどして、冷間位置に合わせます。最終的な位置は、運転に入り、流体が運転温度になった状態で、インジケータの針を荷重スケールの熱間位置にくるように調整します。

③ 転移荷重

　熱間時に各ハンガがその設計荷重に調整されるので、熱間時には配管端部が接続する機器ノズル、あるいは混在するリジットハンガには、ほぼ設計荷重に近い荷重がかかっていると考えられます。運転が停止して、配管が冷間状態になると、配管のトラベルが変化し、インジケータはスケールの冷間の位置近傍にきます。スプリングハンガの（設計荷重 − 実際の冷間位置の荷重）を合計したものが、冷間時に、配管の接続する機器ノズルなどに移動する荷重で、**転移荷重**といいます。これに、機器ノズルにかかる冷間時の設計荷重を加えたものが、機器ノズルにかかる実際の冷間時荷重となります。スプリングのばね定数の大きなハンガを使用した場合、転移荷重も大きくなります。

　図11-8のような配管に、もしハンガがなければ配管両端にある機器ノズルには、おのおの配管総重量 W の半分の荷重がかかりますが、適正にハンガが配置され、運転時に上方へ $\varDelta$ mm 伸びた状態で、各スプリングハンガを荷重スケールの設計荷重になるように調節すれば、運転時の機器ノズルにかかる配管荷重をほぼ0にすることが可能です。運転を終えて停止状態になると、配管は

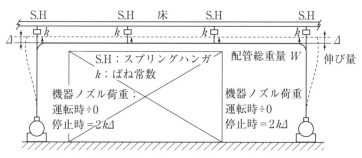

図11-8　機器ノズルにかかるスプリングハンガの転移荷重

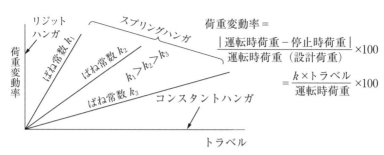

図11-9　ハンガ各タイプと荷重変動率

Δだけ下がります。このため、4個あるハンガのコイルスプリングはΔだけ伸び、各ハンガに$k\Delta$（N）、ハンガ全体では$4k\Delta$（N）の上向きの荷重が発生します。各機器ノズルはその1/2ずつを負担するので、停止時には転移荷重としておのおの$2k\Delta$（N）の上向き荷重が発生します。

　もし、この荷重が機器（たとえばポンプ）の許容値を超えていれば、転移荷重を減らすため**荷重変動率**（図11-9参照）を小さくする必要があります。選択肢としては、ばね常数のより小さいスプリングハンガ（値段は高くなる）を選ぶか、あるいは転移荷重の発生しないコンスタントハンガ（さらに値段は高い）の採用を検討します（図11-9参照）。MSS（米国の製造者規格化協会の標準）ではスプリングハンガの荷重変動率を最大25％としており、これを越えるものはコンスタントハンガを使用します。

11.4 コンスタントハンガのしくみ

① コンスタントハンガの用途、特徴、しくみ

　コンスタントハンガは、トラベルが変化しても支持荷重はほぼ一定に保たれるハンガで、転移荷重がないハンガです。したがって、トラベルが大きい場合や、スプリングハンガでは転移荷重が大き過ぎて、機器、配管の強度、応力に支障が出る場合に採用されます。

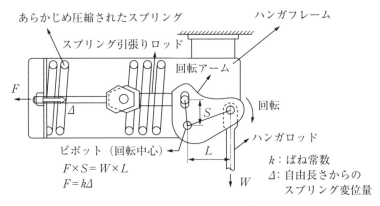

図11-10　コンスタントハンガのしくみ

コンスタントハンガの構造と、トラベルが変わっても荷重が一定となるしくみを図11-10に示します。

構造は、コイルスプリングと、回転アーム、そしてコイルスプリングと回転アームを連結するスプリング引張りロッドが主な可動部品です。回転アームは、ピボット（ピン状）を回転中心とし、ハンガロッドと連結するピン、およびスプリングに発生する力を伝達するスプリング引張りロッドと連結するピンを有しています。

回転アームの静止時には、回転アームの寸法、LとS、および、ハンガ荷重Wとスプリング発生力Fの間に、モーメントのつり合いの式 $F \times S = W \times L$ が成り立ち、かつトラベルによりFが変わってもWが一定となる必要から、

$$W = F \times S/L = k \times \Delta \times S/L = 一定$$

となるように回転アーム内の各種アーム長さと角度、およびスプリングの初期圧縮量を決めます。これによりトラベル（スプリングの引張る力）が変わっても、荷重Wを一定とすることができます。

コンスタントハンガは、荷重変動率が25％を超えるもの、あるいはトラベルが40〜50mmを越える配管に使用します。なお、選択した支持荷重は一般に±10％の範囲内で調節装置により変えられるようになっています。

② コンスタントハンガ使用にあたり、留意すること

❶　スプリングハンガよりさらに上下に揺動しやすい傾向があるので、振動

のある部位に使用する場合は、振動に対する配慮を必要とします。すなわち、可能なところには、スプリングハンガやリジットハンガ、レストレイントなどの使用を検討します（❹参照）。

❷ 実際の配管重量が設計時の重量と何らかの原因で乖離を生じた場合、設計荷重と実際荷重の差をコンスタントハンガは負担することができず（前述したように±10％は増減できる可能性あり）、その荷重差はコンスタントハンガ以外の支持部（機器ノズル、スプリングハンガ、リジットハンガなど）が負担することになります。この荷重差により配管に設計値と異なるトラベルを生じ、その結果、スプリングハンガはそのばね常数に応じて、荷重差の一部を負担することができます。したがって、荷重差が生じたとき、機器ノズルへの余分な負担を軽減するため、❶でも述べたとおり、可能なところは、スプリングハンガやリジットハンガを使用するようにします。

❸ ハンガの設置位置を何らかの原因で、設計どおりの位置にとれなかった場合も、設計支持荷重と実際支持荷重の間に荷重差を生じ、転移荷重の原因となります。

❹ 図11-11の配管は、5箇所のハンガで支持されており、5箇所とも同じ

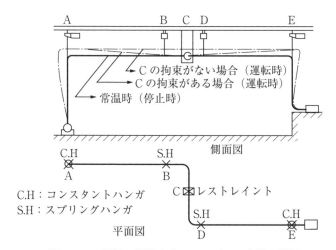

図11-11　配管の剛性を高めるサポート方法を検討

トラベル量ですが、トラベル量が大きく、ハンガ形式は荷重変動率 25 ％を越える場合、何もしなければすべてコンスタントハンガになります。しかし、そのようにするとサポート支持荷重に冗長性がなくなり、支持系が不安定になる可能性があるので、支持装置により配管の剛性を高められないか検討します。配管中央付近の C を上下方向拘束のストッパ、あるいは全方向拘束のアンカにして、機器への反力と配管応力範囲が許容値に入るかをフレキシビリティ解析により検討します。許容値に入る場合は、B、D のハンガの荷重変動率は多分 25 ％を下回り、スプリングハンガが使えるようになるでしょう。そうすれば、この配管は動的により安定した配管になります。

このような検討もトライする価値があると思います。

11.5 ばね式防振器のしくみ

① 2 種類あるばね式防振器

ばね式防振器はばねが圧縮されたときに生じる力により、機械的振動の振れを抑える装置です。ばね 1 個使用のもの（統一された呼び方がないので、ここでは「ばね 1 つ式」と呼ぶ）と 2 個使用のもの（「ばね 2 つ式」と呼ぶ）があります。図 11-12 にばね 2 つ式とばね 1 つ式の防振力（図において→で示す）の発生するしくみを、比較できるようにして示します。いずれのタイプも振動振幅のような変位によりばねが圧縮することで生じる荷重が防振力となります。変位に対して生じる荷重の関係を画いたものが変位‐荷重特性図（図 11-13）ですが、ばね 1 つ式とばね 2 つ式とで異なります。

特性図に示す防振力はまた、熱膨張により管が変位したとき、防振器から管にかかる荷重が生じることに注意をする必要があります。すなわち、中立位置（図 11-13 の座標原点）の防振器を配管に取り付けたときは、配管に荷重がかかっていませんが、熱膨張により配管が変位した場合、特性図に基づく荷重が

配管に働きます。一般には、防振器を運転時に中立位置になるように取り付けます。この場合、常温時に防振器から配管に荷重を及ぼすことになります。

② ばね2つ式防振器

ばね2つ式防振器は、2個のばねを使った防振器で、防振力を発揮するしくみを図11-12(a) に示します。ばね2つ式の特徴は、ばね常数 k の2つのばねをおのおの圧縮力 F を加えた状態でばねケースに収めた場合、管に働く振動力が F 以下の場合、ばねが振動によりΔだけ圧縮すると、$2k\Delta$ の制振力を生じます（k はばね常数）。F を超える振動力に対しては、Δ の圧縮により、$k\Delta$ の制振力を生じます（図11-13 の変位 – 荷重特性参照）。つまり、ばね2つ式は、③の「ばね1つ式」と異なり、管の振動変位が出てはじめて防振力を発揮するので、振動を0にすることはできず、振動を抑制するのがその機能となります。

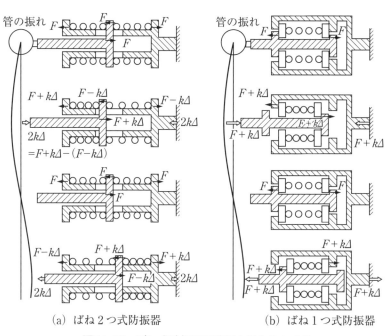

(a) ばね2つ式防振器　　　　(b) ばね1つ式防振器

図11-12　ばね式防振器の防振力発生のしくみ

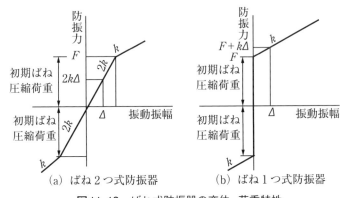

図 11-13 　 ばね式防振器の変位 - 荷重特性

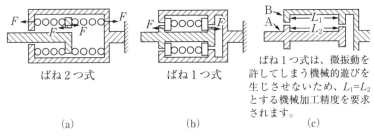

図 11-14 　 中立位置において力はバランスしている

③ ばね 1 つ式防振器

　ばね 1 つ式の特徴は、1 個のばねを力 F の圧縮力を加えた状態でばねケースに収めたもので、防振力を発揮するしくみを図 11-12(b) に示します。ばね 1 つ式の場合、管に加わる振動力が F 以下の場合は管は変位せず、固定の状態を保ち、振動力が F を越えて生じるばねの変位 Δ に対し、$k\Delta F$ の制振力が付加されます（図 11-13(b) 参照）。

　配管の機械的振動には、一般にばね 1 つ式の方が効果があるので、こちらが使われます。

　いずれの方式も、防振器は配管の説置箇所において、図 11-13 に示す変位 - 荷重特性に基づく力が生じるので、配管フレキシビリティ解析のとき、特性に合致した拘束、あるいは抵抗の条件を入れてやる必要があります（熱応力、お

よび反力的には、ばね1つ式は初期圧縮荷重以下では固定状態になるので、一般にばね2つ式より厳しくなります）。

なお、中立位置において、いずれの防振器も圧縮されたばね力は防振器内部でバランスしているので外力は発生しません。その理由を図 11-14 で説明していますが、ばね2つ式は対向しておかれたばねが反発力を打ち消し合っているためであり、ばね1つ式はばねの両端が、可動側 A も静止側 B もばねを挟みこむ剛の構造物で拘束されているからです（図 11-14(c)）。

11.6 スナッバのしくみ

① 油圧式とメカニカル式

スナッバは、地震による配管の揺れのような、周期の短い比較的振幅の大きな揺れを拘束し、配管熱膨張のようなゆっくりした動きは拘束しない装置です。方式に油圧防振器（オイルスナッバ）とメカニカル防振器（メカニカルスナッバ）とがあります。

油圧防振器は防振力を出すのに油の粘性を利用しているので、油が漏れたりこぼれたりした場合、周囲を汚し、また定期的に油を補給する手間を必要とします。この点が特に原子力発電所に好ましくないため、作動油を使わず、メンテナンスフリーとして開発されたのが、メカニカル防振器で専ら原子力発電所で使われます（メカニカル防振器についてはハンガメーカーのカタログを参照ください）。

> 注：オイルスナッバ、メカニカルスナッバよりも油圧防振器、メカニカル防振器の呼称の方が一般によく使われています。

② 油圧防振器

粘性のある油が、狭いオリフィス穴を通過するとき、通過抵抗が穴の流速の2乗に比例することを利用して、管の揺れは拘束し、管の熱膨張変位のような緩慢な動きは拘束しない防振器です。

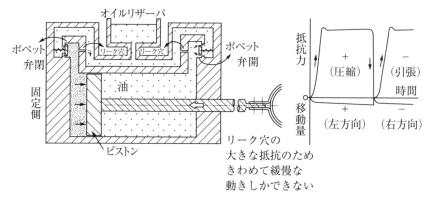

図11-15 油圧防振器のしくみと性能特性

　構成部品は図11-15に示すように、ロッドにより管クランプと連結されているピストン、構築物に固定されたシリンダ、そして制動回路の中に逆止弁（一般にスプリングを備えたポペット弁形式）、オリフィス（リーク穴）が組み込まれ、他に油を溜めておくリザーバがあります。

　図11-15は、右方の管が地震で左方向へ振れた状態を示します。管の動きをピストンロッドを介して伝えられたピストンは左へ動こうとします。それによる油の動きで、ばねによって開いていた左側のポペット弁が閉じ、油の動きを止め、ピストン、そしてロッドを介し、管の左方向への動きを止めます。ただ、ポペット弁上流にあるきわめて小さなリーク穴から少しずつ油が右側へ抜けることにより、管の温度変化によるきわめて遅い動きは拘束しません。管が右方向へ移動するときは、右側のポペット弁が閉まり、反対方向の揺れを拘束し、緩慢な動きのみ許します。油圧防振器は、ポペット弁のわずかな動作遅れなどにより、機械振動のような振幅の小さな振動を止めることはできません。

よく使われる規格・基準

下記は、よく使われる国内外の配管に関連する規格・基準です。

国　内
電気事業法　発電用火力設備設備技術規準の解釈
日本機械学会　発電用火力設備規格　詳細既定　JSME S TA1第Ⅴ章
日本機械学会　発電用原子力設備規格 設計・建設規格 JSME S NC1
労働安全衛生法　労働基準局 ボイラ及び圧力容器安全規則
高圧ガス保安法　特定設備検査規則
JPI－7S－77　石油工業用プラントの配管基準
JIS B 8265　「圧力容器の構造 一般事項」
JIS B 8201　「陸用鋼製ボイラ－構造」
JIS B 2352　「ベローズ形伸縮管継手」
JEAC 3706　圧力配管及び弁類規定
JEAC 3605　火力発電所の耐震設計規定
米　国
ASME B31.1　Power Piping
ASME B31.3　Process Piping
ASME Boiler and Pressure Vessel Code Sec.I および Sec. Ⅷ Div.1
ASME B16.5　Pipe Flanges and Flanged Fittings
ASME B16.9　Factory-Made Wrought Buttwelding Fittings
ASME B16.10　Face-to-Face and End-to-End Dimensions of Valves
ASME B16.11　Forged Fittings, Socket-Welding and Threaded
ASME B16.25　Butt Welding Ends
ASME B16.34　Valves–Flanged, Threaded, and Welding End
MSS SP-58　Pipe Hangers and Supports
MSS SP-97　Integrally Reinforced Forged Branch Outlet Fittings
Expansion Joint Manufacturers Association Standards　　　（略称EJMA）

略　号	英　文	和　文
B.L	Battery Limit	プラント境界
BOP	Bottom of Pipe	パイプ下部エレベーション
BW	Butt Weld	突合せ溶接
Con. Red	Concentric Reduser	同心レジューサ
DN	Nominal Diameter	呼び径（mm 系の場合）
Ecc. Red	Eccentric Reduser	偏心レジューサ
EL	elevation	エレベーション
Exp. J	Expansion Joint	伸縮管継手
FF	Flat Face	全面座
GL	Ground Level	地表レベル
H.L	High Level	高水位
H.H.L	High High Level	高高水位
LC	Level Controller	レベルコントローラ
LG	Level Gauge	レベルゲージ
L.L	Low level	低水位
MF	Male and Female	(フランジの) 嵌め込み形座
Min.	Minimum	最小限とすること
Min. XX	Minimum XX	XX 以上のこと
MT	Magnetic Particle Testing	磁粉探傷試験
N.L	Normal Level	正常水位
NPS	Nominal Pipe Size	呼び径(in 系の場合)
P.P	Personal Protection	火傷防止
PT	Penetrant Testing	浸透探傷試験
RF	Raised Face	平面座
RJ	Ring Joint Face	リングジョイント座
RT	Radiographic Testing	放射線透過探傷試験
SOH	Slip on Hub	ハブフランジ
SOP	Slip on Plate	板フランジ
SW	Socket Weld	ソケット溶接
ES	Short Radius Elbow	エルボ（ショート）
TG	Tongue and Groove	（フランジの）溝形座
TL	Tangent Line	タンジェントライン
TOB	Top of Beam	梁上面エレベーション
TOP	Top of Pipe	パイプ上部エレベーション
TR	Threaded	ねじ込み
UT	Ultrasonic　Testing	超音波探傷試験
VT	Visual Testing	目視試験
WN	Welding Neck	ネックフランジ

資料8　　有効数字を意識して計算する

　圧力損失計算書や強度計算書など圧力、流量、厚さなどの測定値の入った計算を行うとき、コンピュータや電卓がはじきだした桁数をながながと書き写して計算を続ける人がいるが、意味のないむだな作業で、有効数字を意識して計算することが大切です。

　その要領は加減算と乗除算で異なるが、共通することは、有効桁数は、測定値の中で最も有効桁数(*)の少ないものに合わせるということです。

　（＊仮に、2000m という測定値があった場合、0 のどの桁までが有効数字であるかを見極めなければならない。）

　加減算のやり方：小数点以下の有効数字の桁数を揃えるようにする。小数点以下の有効数字の桁数の最小のものより1つ多くとって計算、最終結果は測定値の中で小数点以下の最小のものに揃える。

〔例〕加減算：　　無意味な計算　　　　　有効数字を使った計算

〔例1〕
```
   21.3            21.3
  +6.889          + 6.88
   28.189          28.18
```

最終結果は 28.2

〔例2〕
```
  21200（有効数字3桁）      21200
 +    125                +    120
  21325                   21320
```

最終結果は 21300

　乗除算のやり方：有効数字の最小のものを基準に、他はこれより1つ多い桁に揃えて計算、最終結果は最も少ない有効数字の桁数に合わせる。

〔例〕　乗除算

無意味な計算　　　　　$0.065 \times 81.3 \times 5.231 = 27.6432$

　　　有効桁数　　　　　2　　　3　　　4

有効数字を使った計算　　$0.065 \times 81.3 \times 5.23 = 27.64$

最終結果は、最小有効桁数が2桁だから、3桁目を四捨五入し、28。

　配管技術をより深く理解したい方のために、座右において長く役に立つであろう書籍を紹介します。

★事例に学ぶ 流体関連振動 第 3 版　日本機械学会編

配管の仕事に携わる人はみな振動問題に悩まされた経験を持っていると思われる。「流体関連振動」とは流れに起因して起こるさまざまな振動現象を一括して呼ぶ用語であり、その舞台の多くは配管である。配管におきるそれらの振動を、各節ごとにその専門家が事例を含め、幅広く取り上げ、評価の方法や対策もよく書き込まれていて、配管の振動問題を解決する際、参考になる。

★ Design of Piping system　復刻版　M.W.KELLOG COMPANY

配管の設計条件が時代とともに急速に高圧、高温化してゆく 1960 年代のわが国において、新進の配管技術者達が挙って "Kellog General Analytical Method" を勉強し、タイガー計算機を回して熱膨張応力を計算したものである。本書は長く絶版となっていたが、今でも有用と判断されたのであろう、2009 年に復刻された。極厚肉の管継手やベローズの内圧に対する応力評価法などは、各種 Code 類に引用されている。

★ Pipe Stress Engineering　Liang-Chuan（L.C）Peng、Tsen-Loong （Arvin）Peng, 他　共著 ASME Press 2009 年発行

　最近は計算が Computer まかせとなり、人は「ものの理」を考えなくなってきてしまった。しかし、Computer O/P のレビューをするには、「ものの理」が分かっていなければできない。

　本書は、配管に生じるさまざまな応力や荷重に関する工学的原理と解析を、基礎からやさしく丁寧に説明している。また、日本の配管規準のベースとなっている ASME Piping Code の解説書としても優れ、これら Code の背景や根拠を知ることで、より深く配管技術を理解できる。

★ Flow of Fluids Through Valves. Fittings, and Pipe, Metric Edition　Crane 社 2009　年発行

本書は「流れ」の本といっても、管内の流れの圧力損失や流量を実際に求めることに特化した本で、本書の原型が出版されてから 80 年の歴史を有し、その間ブラッシュアップされ続けてきた本である。
本書と電卓さえあれば、われわれが通常ぶつかる手計算でできる範囲の上記のような課題に答えられるように構成されている。すなわち、計算式、管摩擦係数、われわれが通常使う各種バルブや管継手の抵抗係数、各種流体の密度、粘度、などがこの一冊に網羅されている。メートル単位版を指定する。

★ Process Plant Layout and Piping Design　ED Bausbacher, Floger Hunt 共著 PTR Prentice Hall 社　1993 年発行

本書は主として石油化学プラントの経験年数の比較的浅い空間設計者を対象にプラントを構成する機器類とそのまわりの配管レイアウトに関する 遵守事項、留意事項を中心に、640 余りの豊富な図を使って、教科書風に記述したものである。経験を積んだ人にも発電プラントの設計者にも参考になろう。機器・配管配置についてここまで詳しく述べた単行本は日本にないと思われる。図が多いので読みやすく、初級者が英語の勉強を兼ねて読むのもよいだろう。

索 引

〈著者紹介〉

西野 悠司（にしの　ゆうじ）

1963年　早稲田大学第1理工学部機械工学科卒業。
1963年より2002年まで、現在の東芝エネルギーシステムズ株式会社 京浜事業所、続いて、東芝プラントシステム株式会社において、発電プラントの配管設計に従事。その後、3年間、化学プラントの配管設計にも従事。
一般社団法人 配管技術研究協会元編集委員長。
同協会主催の研修セミナー講師を務め、雑誌「配管技術」に多くの執筆実績がある。
現在、一般社団法人 配管技術研究協会監事。
　　　日本機械学会 火力発電用設備規格構造分科会委員。
　　　西野配管装置技術研究所 代表。

主な著書
「絵とき 配管技術 基礎のきそ」日刊工業新聞社（2012年）
「トコトンやさしい配管の本」日刊工業新聞社（2013年）
「絵とき 配管技術用語事典」（共著）日刊工業新聞社（2014年）
「トラブルから学ぶ配管技術」日刊工業新聞社（2015年）
「絶対に失敗しない配管技術100のポイント」日刊工業新聞社（2016年）
「配管設計実用ノート」日刊工業新聞社（2017年）
「プラントレイアウトと配管設計」（共著）日本工業出版（2017年）
「わかる！使える！配管設計入門」日刊工業新聞社（2018年）

そうか！わかった！
プラント配管の原理としくみ　　　　　　　　　NDC528

2020年10月30日　初版1刷発行　　　　定価はカバーに表示されております。

　　　　　　　　　　　　　　　ⓒ著　者　　西　野　悠　司
　　　　　　　　　　　　　　　　発行者　　井　水　治　博
　　　　　　　　　　　　　　　　発行所　　日刊工業新聞社

〒103-8548　東京都中央区日本橋小網町14-1
電話　書籍編集部　　03-5644-7490
　　　販売・管理部　03-5644-7410
　　　FAX　　　　　03-5644-7400
振替口座　00190-2-186076
URL　https://pub.nikkan.co.jp/
email　info@media.nikkan.co.jp
企画・編集　エム編集事務所
印刷・製本　新日本印刷